全国技工院校计算机类专业（中／高级技能层级）

Rhino 产品造型设计

实训题集

主　编　陈志成
副主编　朱　峰　杨彩红
主　审　胡旭兰

中国劳动社会保障出版社

简介

本书是全国技工院校计算机类专业教材（中 / 高级技能层级）《Rhino 产品造型设计》的配套实训题集。

本书按照教材项目、任务顺序编排，根据教材讲授的知识与技能设置任务，具有较强的可操作性和拓展性，可帮助学生进一步巩固所学知识，锻炼实际操作能力。

完成本书任务所需的相关素材可通过技工教育网（http://jg.class.com.cn）下载使用。

本书由陈志成任主编，朱峰、杨彩红任副主编，梁文华、萧锦岳、习樱莉、徐艳滕、梁俊文、田园园、刘沛云参与编写，胡旭兰任主审。

图书在版编目（CIP）数据

Rhino 产品造型设计实训题集 / 陈志成主编. -- 北京：中国劳动社会保障出版社，2023

全国技工院校计算机类专业. 中 / 高级技能层级

ISBN 978-7-5167-6121-2

Ⅰ. ①R… Ⅱ. ①陈… Ⅲ. ①产品设计 – 计算机辅助设计 – 应用软件 – 技工学校 – 习题集 Ⅳ. ①TB472-39

中国国家版本馆 CIP 数据核字（2023）第 190234 号

中国劳动社会保障出版社出版发行

（北京市惠新东街 1 号 邮政编码：100029）

*

北京宏伟双华印刷有限公司印刷装订 新华书店经销

787 毫米 ×1092 毫米 16 开本 5.75 印张 113 千字

2023 年 10 月第 1 版 2023 年 10 月第 1 次印刷

定价：15.00 元

营销中心电话：400-606-6496

出版社网址：http://www.class.com.cn

http://jg.class.com.cn

目 录

CONTENTS

项目一
Rhino 7 软件的基本操作

任务　空气净化器造型的简单操作

一、实训情境

本任务要求以图 1-1-1 所示的空气净化器造型为载体，对 Rhino 7 软件形成初步的认识，掌握三维造型的简单操作。

图 1-1-1　空气净化器造型

二、实训分析

按照图 1-1-2 所示的思维导图复习教材中的知识点和技能点。

本任务是根据所提供的空气净化器造型，了解 Rhino 软件的简介及启动和退出方法，熟悉 Rhino 的工作界面、环境设置操作，以及造型的操作方法，并掌握操作轴、图层和群组的操作方法及文件管理方法。

- 启动Rhino 7
  - 双击“Rhino 7”快捷图标，启动Rhino 7
- 新建Rhino 7文件
  - 单击“标准”工具列中的“新建文件”按钮，新建Rhino 7文件
- 打开Rhino7文件
  - 单击“标准”工具列中的“打开文件”按钮，打开Rhino 7文件
- Rhino的工作界面
  - 主要由窗口标题栏、指令历史视窗、指令提示、工具列、工作视窗、工作视窗标签、物件锁点控制、功能表、工具列功能表按钮、工具列组、工作视窗标题、工作视窗功能菜单和状态栏组成
- Rhino的工作视窗
  - 主要由Top工作视窗、Front工作视窗、Right工作视窗和Perspective工作视窗组成
  - 单击“四个工作视窗”按钮右下角的溢出按钮，可以进行视窗切换、最大化等操作
- 选取操作
  - 单击物件将其选中
  - 按住鼠标左键由左至右框选物件，完全在选取方框内的物件被选取
  - 按住鼠标左键由右至左框选物件，选取方框包含的物件都被选取
  - 利用候选列表选取物件
- 显示操作
  - 单击“显示选取的物件”按钮，可以显示已经隐藏的物件
- 隐藏操作
  - 单击“隐藏物件”按钮，可以隐藏选取的物件
- 变换操作
  - 所有与改变模型的位置及造型有关的操作都被称为物件的变换操作，主要包括物件在坐标系中的移动，物件的复制、旋转、缩放、倾斜和镜像等
- 操作轴的基本操作
  - 通过操作轴可以快速移动、选择或缩放物体、曲面和节点。操作轴是移动、2D旋转和单轴缩放命令的集成
- 图层的基本操作
  - 图层是Rhino提供的一个管理工具，处于同一个图层中的所有物件会做同样的改变
- 群组的基本操作
  - 在工作界面左侧的工具列中单击“群组物件”按钮，选取所有要群组的物件，然后按Enter键或单击鼠标右键结束操作
- 解散群组操作
  - 在工作界面左侧的工具列中单击“解散群组”按钮，即可解散群组，解散群组后，可以选取其中任何一个部位
- 保存文件
  - 单击“标准”工具列中的“保存文件”按钮，保存文件
  - 使用Ctrl+S组合键保存文件
  - 执行“文件”→“保存文件”命令，保存文件

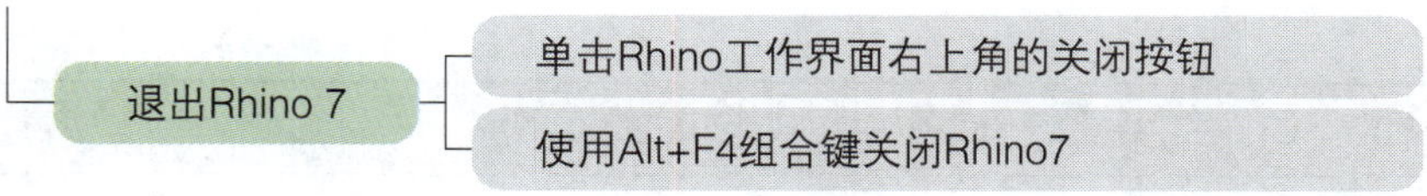

图 1-1-2　思维导图

三、实训计划制订

根据实训分析，完成实训计划的制订，填入表 1-1-1 中。

表 1-1-1　实训计划

序号	工作内容	所需时间

四、操作步骤提示

本任务的操作步骤和操作要点见表 1-1-2。

表 1-1-2　操作步骤提示

序号	操作步骤	操作要点
1	启动软件	双击“Rhino 7”快捷方式图标
2	熟悉软件的工作界面和环境设置操作	软件的工作界面主要由窗口标题栏、指令历史视窗、指令提示、工具列、工作视窗、工作视窗标签、物件锁点控制、功能表、工具列功能表按钮、工具列组、工作视窗标题、工作视窗功能菜单和状态栏组成 软件的环境设置操作包括工作视窗设置和工作视窗属性设置等

续表

序号	操作步骤	操作要点
3	练习操作轴、图层和群组的操作	操作轴：当状态栏上“操作轴”的字体为粗体时表示该功能处于开启状态 图层：在“图层”工具列中单击“图层”按钮，打开“图层”面板，可以管理模型中物件的图层 在工作界面左侧的工具列中单击“群组物件”按钮，选取所有要群组的物件，然后按 Enter 键或单击鼠标右键结束操作，即可完成群组操作
4	保存文件	单击保存按钮或执行“文件”→“保存文件”命令
5	退出软件	单击 Rhino 7 软件工作界面右上角的关闭按钮

五、操作要点记录

在表 1-1-3 中记录本实训任务的操作要点。

表 1-1-3　操作要点记录

序号	操作要点	备注

六、实训评价

完成任务后，分享任务过程中的心得和体会，然后从软件操作等方面进行实训评价，可采用学生自评、学生互评与教师评价相结合的多元评价方式，见表 1-1-4。

表 1-1-4　实训评价

序号	评价要求	学生自评（占比 30%）	学生互评（占比 30%）	教师评价（占比 40%）
1	对实训任务的分析准确、到位（10 分）			
2	能正确打开 Rhino 文件，进行基本操作（20 分）			

续表

序号	评价要求	学生自评（占比 30%）	学生互评（占比 30%）	教师评价（占比 40%）
3	能熟练完成物件的平移、旋转、缩放操作，能正确打开图层面板（40 分）			
4	能正确完成群组操作（20 分）			
5	能正确保存 Rhino 文件（10 分）			
	综合得分			

七、实训拓展

参考图 1-1-3 所示的投影仪造型，完成其文件的打开及工作视窗的转换操作，利用操作轴对投影仪进行移动、旋转以及缩放操作，再进行图层操作和群组操作，最后保存文件。

图 1-1-3 投影仪造型

八、知识巩固与提高

1. 窗口标题栏可显示打开的模型文件的（ ）。

A. 名称　　B. 名称与大小　　C. 大小　　D. 版本

2. 物件锁点控制包含（ ）切换复选框，用户可通过勾选各复选框方便地将鼠标指针定位到物件的相应锁点上。

A. 物件锁点　　B. 端点　　C. 最近点　　D. 中心点

3. 在框选时，只有完全落在选取方框内的物件才会被选取，一般通过按住鼠标

（　　）的方式进行框选。

A. 右键由左至右拉出一个矩形框　　B. 中键由左至右拉出一个矩形框

C. 随意拖动　　D. 左键由左至右拉出一个矩形框

4. 在移动物件时若需准确定位，可以在寻找移动起点和终点时，使用“(　　)”功能并勾选需捕捉的点。

A. 控制点　　B. 物件锁点控制

C. 操作轴　　D. 控制点和操作轴

5. 操作轴是（　　）命令的集成。

A. 移动、旋转　　B. 移动、缩放

C. 旋转、缩放　　D. 移动、2D 旋转、单轴缩放

项目二
平面图绘制

任务 1　简单平面图绘制

一、实训情境

绘制图 2–1–1 所示的简单平面图。该平面图由圆和曲线构成，绘制思路是先导入需要绘制的图片文件，然后绘制轮廓曲线，最后完成曲线编辑。在绘制前，需要把图片摆放在合适的图层并锁定该图层。

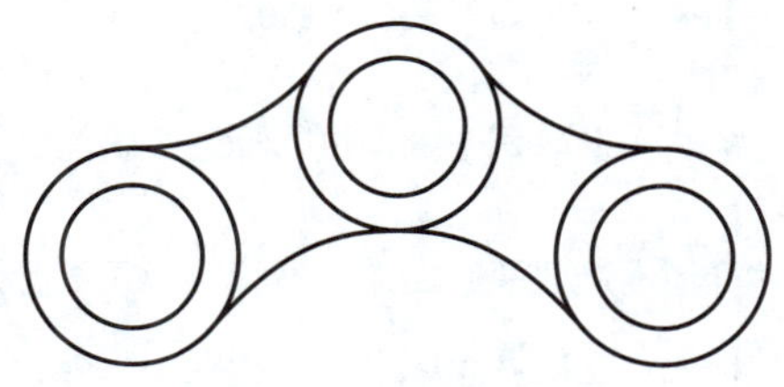

图 2–1–1　简单平面图

二、实训分析

按照图 2–1–2 所示的思维导图复习教材中的知识点和技能点。

- 直线工具
  - 直线画线：在工作视窗中单击两个不重合的点绘制线段
  - 多重直线画线：连续画出数条直线或曲线线段并将它们组合成多重直线或多重曲线
  - 从中点画线：以中点为起点向两侧等距离绘制线段
  - 曲面法线画线：沿着曲面法线方向绘制线段。在曲面上选择直线的起点，单击曲面某处或输入直线长度以确定终点
  - 与工作平面垂直画线：绘制一条与工作平面垂直的线段
  - 角度等分线画线：选择线段的起点，再选择需等分角度的起点及终点，最后确定线段的终点
  - 指定角度画线：通过指定一条基线及其相对偏移角度来绘制一条线段

- 曲线工具
  - 控制点曲线画曲线：通过移动鼠标并连续单击鼠标左键来绘制线形
- 点的编辑
  - 单击工作界面左侧工具列中的“显示物件控制点”按钮
  - 打开点：显示或关闭曲线或曲面的控制点，在显示控制点后可对控制点进行编辑
  - 打开编辑点：显示曲线上通过节点平均值计算得到的点
  - 关闭选取物件的点：单击该按钮，可关闭选取物件的点
  - 插入一个控制点：选取一条曲线后，指定插入控制点的位置，可在该曲线上插入控制点
  - 移除一个控制点：移除曲线上的一个控制点或曲面上的一排控制点
- 圆的用法
  - 中心点、半径画圆：通过设置圆心、半径绘制圆形
  - 直径画圆：通过设置直径的两个端点绘制圆形
  - 三点画圆：通过设置圆上任意三点绘制圆形
  - 正切、正切、半径画圆：绘制与两条曲线对象正切且已知半径的圆形
  - 与数条曲线正切画圆：绘制与数条曲线（或直线）对象正切的圆形
  - 与工作平面垂直、中心点、半径画圆：通过设置中心点、半径绘制垂直于工作平面的圆形
  - 与工作平面垂直、直径画圆：通过设置中心点、直径绘制垂直于工作平面的圆形
- 镜像
  - 在“变动”工具列中单击“镜像”按钮，选择需要镜像的物件，单击鼠标右键确认，再选择镜像平面的起点和终点，即可生成与原物件关于起点和终点所在的直线对称的物件
- 尺寸标注
  - 直线尺寸标注：选取两个端点进行标注，仅能标注两个端点之间的水平距离或垂直距离
  - 水平尺寸标注：选取两个端点进行标注，仅能标注两个端点之间的水平距离
  - 垂直尺寸标注：选取两个端点进行标注，仅能标注两个端点之间的垂直距离
  - 对齐尺寸标注：选取两个端点进行标注，标注两端点连线的尺寸
  - 旋转尺寸标注：单击该按钮，在指令提示行中输入角度，选取对象的两个端点进行标注，可标注任意角度方向的尺寸
  - 角度尺寸标注：可以连续选取两条或多条直线进行角度标注，或选取圆弧进行弧度标注
- 曲线修剪
  - 在工作界面左侧工具列中单击“修剪”按钮，可以去掉两条相交曲线的多余部分，修剪后的曲线还可以通过单击“组合”按钮的方法合成为一条曲线
  - 对于两条相交曲线，修剪工具可以其中一条曲线为剪切边界，对另一条曲线进行剪切操作
  - 单击“修剪”按钮，先选择作为修剪工具的对象，按Enter 键或单击鼠标右键确认后，再选择待修剪的对象，按Enter键或单击鼠标右键完成曲线的修剪

图 2-1-2　思维导图

本任务是根据所提供的图片素材，使用直线工具、曲线工具和圆形工具等进行绘制。在完成任务的过程中，应注意圆弧的绘制方法。

三、实训计划制订

根据实训分析，完成实训计划的制订，填入表 2–1–1 中。

表 2–1–1　实训计划

序号	工作内容	所需时间

四、操作步骤提示

本任务的操作步骤和操作要点见表 2–1–2。

表 2–1–2　操作步骤提示

序号	操作步骤	操作要点
1	启动软件	双击“Rhino 7”快捷方式图标
2	绘制中心线	在工作界面左侧工具列中单击“多重直线”按钮，绘制中心线
3	绘制圆	在工作界面左侧工具列中单击“圆：中心点、半径”按钮，绘制圆
4	绘制相切圆弧	在工作界面左侧工具列中单击“圆弧：中心点、起点、角度”按钮右下角的溢出按钮，在弹出的“圆弧”工具列中单击“圆弧：与数条曲线正切”按钮，绘制相切圆弧（对此工具的介绍在教材的项目二任务 1 中）
5	保存文件	单击保存按钮或执行“文件”→“保存文件”命令
6	退出软件	单击 Rhino 7 软件工作界面右上角的关闭按钮

五、操作要点记录

在表 2-1-3 中记录本实训任务的操作要点。

表 2-1-3　操作要点记录

序号	操作要点	备注

六、实训评价

在完成任务后展示作品，并分享任务过程中的心得和体会，然后从工具使用、软件操作、作品效果和作品展示等方面进行实训评价，可采用学生自评、学生互评与教师评价相结合的多元评价方式，见表 2-1-4。

表 2-1-4　实训评价

序号	评价要求	学生自评（占比 30%）	学生互评（占比 30%）	教师评价（占比 40%）
1	对实训任务的分析准确、到位（10 分）			
2	能选择正确的曲线工具绘制曲线（10 分）			
3	能根据要求使用点的编辑工具调整曲线（10 分）			
4	能选择合适的圆形工具绘制圆形（20 分）			
5	能选择正确的尺寸标注工具进行尺寸标注（20 分）			
6	能使用修剪工具按尺寸要求修剪曲线（20 分）			
7	展示及作品解说效果良好（10 分）			
综合得分				

七、实训拓展

参考图 2-1-3、图 2-1-4 所示的例图，使用 Rhino 7 软件完成平面图的绘制。

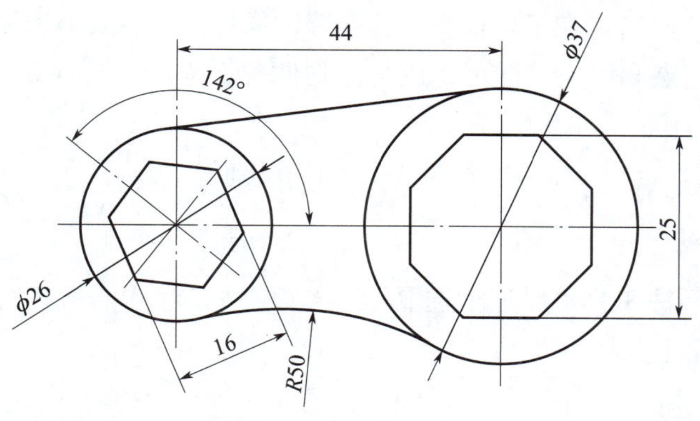

图 2-1-3 例图 1

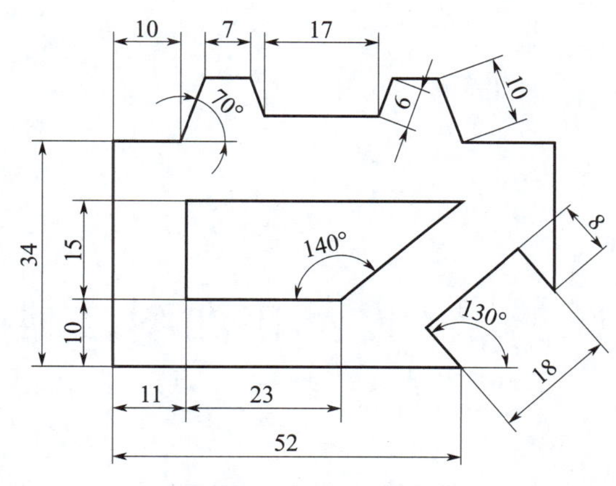

图 2-1-4 例图 2

八、知识巩固与提高

1. 多重直线与直线工具的区别是它可以连续画出由（　　）线段组合成的多重直线或多重曲线。

A. 数条直线　　B. 数条直线或曲线

C. 数条曲线　　D. 数个点

2. 曲线的曲率和形状是由（　　）共同控制的。

A. 控制点和端点　　B. 控制点和编辑点

C. 端点和编辑点　　D. 端点

3. 使用控制点曲线工具时，在工作视窗中选择绘制曲线的起点，通过移动鼠标并连续单击鼠标左键来绘制线形，单击到曲线终点位置时，按（　　）键或单击鼠标右键即可得到一条曲线。

A. Shift　　B. Esc　　C. Back　　D. Enter

4. 使用镜像工具时，在工作视窗中选择待镜像物件，然后单击鼠标右键确认，再选择镜像平面的起点和终点，即可生成与原物件关于（　　）和（　　）所在的直线对称的物件。

A. 起点　终点　　B. 端点　起点

C. 起点　中点　　D. 端点　终点

5. 角度尺寸标注工具可以连续选取（　　）或（　　）直线进行角度标注，或选取圆弧进行弧度标注。

A. 一点　两条　　B. 一点　多条

C. 三点　两条　　D. 多点　一条

任务 2　产品平面图绘制

一、实训情境

绘制图 2-2-1 所示的产品平面图。该平面图主要由圆弧和曲线构成，绘制思路是先导入需要绘制的图片文件，然后绘制轮廓曲线，最后完成曲线编辑。在绘制前，需要把图片摆放在合适的图层并锁定该图层。

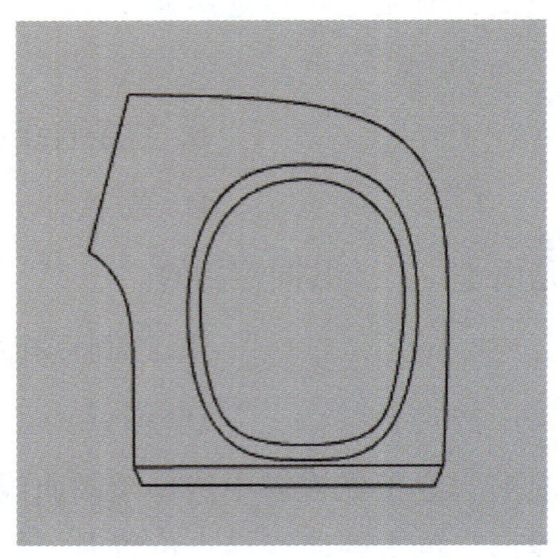

图 2-2-1　产品平面图

二、实训分析

按照图 2–2–2 所示的思维导图复习教材中的知识点和技能点。

- 矩形工具
  - 角对角画矩形：通过设置对角点绘制矩形
  - 中心点、角画矩形：通过设置中心点和一个角点绘制矩形
  - 三点画矩形：通过设置三个角点绘制矩形
  - 垂直画矩形：通过设置三个角点绘制一个垂直于工作平面的矩形
  - 画圆角矩形：通过选取矩形的两个对角点并输入矩形的圆角半径来绘制圆角矩形
- 圆弧工具
  - 中心点、起点、角度画圆弧：通过设置圆心、起点和终点（或角度）绘制圆弧
  - 起点、终点、通过点画圆弧：通过设置起点、终点和圆弧上任意一点绘制圆弧
  - 起点、终点、起点的方向画圆弧：通过设置起点、终点和起点控制杆绘制圆弧
  - 起点、终点、半径画圆弧：通过设置起点、终点、半径和圆心位置绘制圆弧，圆心位置可利用终点控制杆进行调节
  - 与数条曲线正切画圆弧：通过设置切点和曲率来创建多个圆弧，曲率可利用控制杆进行调节
  - 画通过数个点的圆弧：通过数个点绘制由若干圆弧形成的连续曲线
  - 将曲线转换为圆弧：将曲线转换为圆弧或多重直线
- 椭圆工具
  - 从中心点画椭圆：通过设置中心点第一轴和第二轴绘制椭圆
  - 直径画椭圆：通过设置轴线的端点绘制椭圆
  - 从焦点画椭圆：通过设置椭圆的两个焦点及通过点绘制椭圆
  - 环绕曲线画椭圆：绘制一个环绕曲线的椭圆
  - 角画椭圆：通过设置矩形的对角点绘制与矩形内切的椭圆
  - 画可塑性椭圆：以指定的阶数与控制点数建立形状近似的NURBS曲线
- 衔接曲线
  - 在“曲线工具”工具列中单击“衔接曲线”按钮，在工作视窗中选取要更改的开放曲线，再单击选取靠近要更改一端的端点处
  - 选取完成后弹出“衔接曲线”对话框，在调整衔接曲线参数时，可实时预览效果

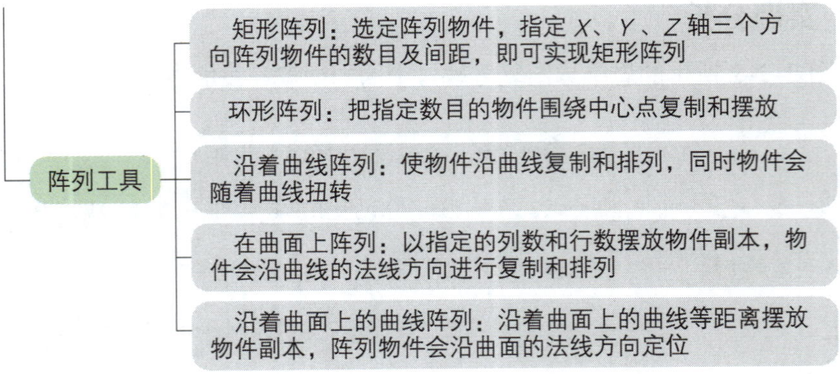

阵列工具

- 矩形阵列：选定阵列物件，指定 *X*、*Y*、*Z* 轴三个方向阵列物件的数目及间距，即可实现矩形阵列
- 环形阵列：把指定数目的物件围绕中心点复制和摆放
- 沿着曲线阵列：使物件沿曲线复制和排列，同时物件会随着曲线扭转
- 在曲面上阵列：以指定的列数和行数摆放物件副本，物件会沿曲线的法线方向进行复制和排列
- 沿着曲面上的曲线阵列：沿着曲面上的曲线等距离摆放物件副本，阵列物件会沿曲面的法线方向定位

图 2-2-2　思维导图

本任务是根据所提供的图片素材，使用直线工具、曲线工具和椭圆工具等进行绘制。在完成任务的过程中，应注意圆弧的绘制方法。

三、实训计划制订

根据实训分析，完成实训计划的制订，填入表 2-2-1 中。

表 2-2-1　实训计划

序号	工作内容	所需时间

四、操作步骤提示

本任务的操作步骤和操作要点见表 2-2-2。

表 2-2-2　操作步骤提示

序号	操作步骤	操作要点
1	启动软件	双击“Rhino 7”快捷方式图标
2	从中点绘制直线	单击工作界面左侧工具列中的“多重直线”按钮右下角的溢出按钮，在弹出的“直线”工具列中单击“直线：从中点”按钮，绘制直线
3	绘制控制点曲线	在工作界面左侧工具列中单击“控制点曲线”按钮，绘制控制点曲线
4	绘制内插点曲线	在工作界面左侧工具列中单击“控制点曲线”按钮右下角的溢出按钮，在弹出的“曲线”工具列中单击“内插点曲线”按钮，绘制内插点曲线
5	镜像	在工作界面左侧工具列中单击“变动”按钮右下角的溢出按钮，在弹出的“变动”工具列中单击“镜像”按钮，镜像对象
6	衔接曲线	在工作界面左侧工具列中单击“曲线圆角”按钮右下角的溢出按钮，在弹出的“曲线工具”工具列中单击“衔接曲线”按钮，衔接曲线
7	保存文件	单击保存按钮或执行“文件”→“保存文件”命令
8	退出软件	单击 Rhino 7 软件工作界面右上角的关闭按钮

五、操作要点记录

在表 2-2-3 中记录本实训任务的操作要点。

表 2-2-3　操作要点记录

序号	操作要点	备注

六、实训评价

在完成任务后展示作品，并分享任务过程中的心得和体会，然后从工具使用、软件操作、作品效果和作品展示等方面进行实训评价，可采用学生自评、学生互评与教师评价相结合的多元评价方式，见表 2-2-4。

表 2-2-4　实训评价

序号	评价要求	学生自评（占比 30%）	学生互评（占比 30%）	教师评价（占比 40%）
1	对实训任务的分析准确、到位（10 分）			
2	能选择合适的命令导入参考图片（20 分）			
3	能正确使用衔接曲线工具衔接曲线（30 分）			
4	能按照要求正确使用圆弧工具（30 分）			
5	展示及作品解说效果良好（10 分）			
综合得分				

七、实训拓展

参考图 2-2-3 所示的例图，使用 Rhino 7 软件完成该平面图的绘制。

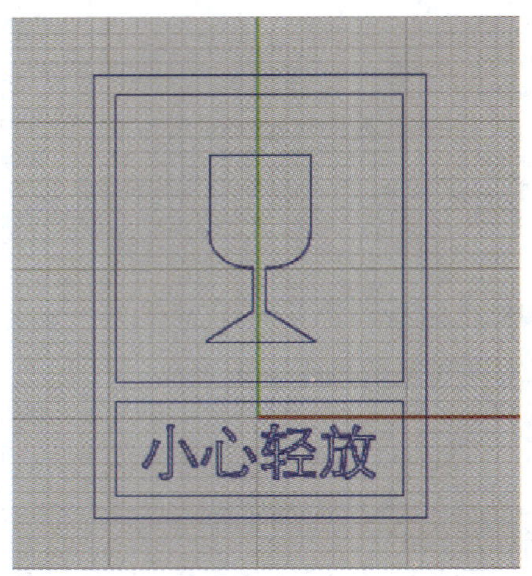

图 2-2-3　例图

八、知识巩固与提高

1. 在衔接曲线时，应在工作视窗中选取要更改的（　　），再点选靠近要更改一端的端点处。

A. 封闭曲线　　B. 封闭曲线或开放曲线

C. 开放曲线　　D. 任意曲线

2. 可以实现 X、Y、Z 三个方向阵列的阵列工具是（　　）工具。

A. 矩形阵列　　B. 环形阵列

C. 沿着曲线阵列　　D. 在曲面上阵列

3. 通过设置对角点绘制矩形的矩形工具是（　　）工具。

A. 矩形：角对角　　B. 矩形：三点

C. 矩形：垂直　　D. 矩形：中心点、角

4. 椭圆的绘制方法有（　　）。

A. 从中心点、直径　　B. 从焦点、环绕曲线

C. 角、可塑形　　D. 以上全部

5. 通过设置起点、终点和圆弧上任意一点绘制圆弧的圆弧工具是（　　）工具。

A. 圆弧：起点、终点、通过点　　B. 圆弧：起点、终点、起点的方向

C. 圆弧：中心点、起点、角度　　D. 圆弧：起点、终点、半径

项目三
基础造型

任务 1　店铺图标造型

一、实训情境

某设计公司的设计师接受了一项设计任务：为本公司设计一款店铺图标。该任务要求设计师在 10 min 内使用 Rhino 7 软件进行产品造型设计，根据图 3-1-1a 所示的图片素材，设计并完成图 3-1-1b 所示的最终效果。

a）

b）

图 3-1-1　店铺图标
a）图片素材　b）最终效果

二、实训分析

按照图 3-1-2 所示的思维导图复习教材中的知识点和技能点。

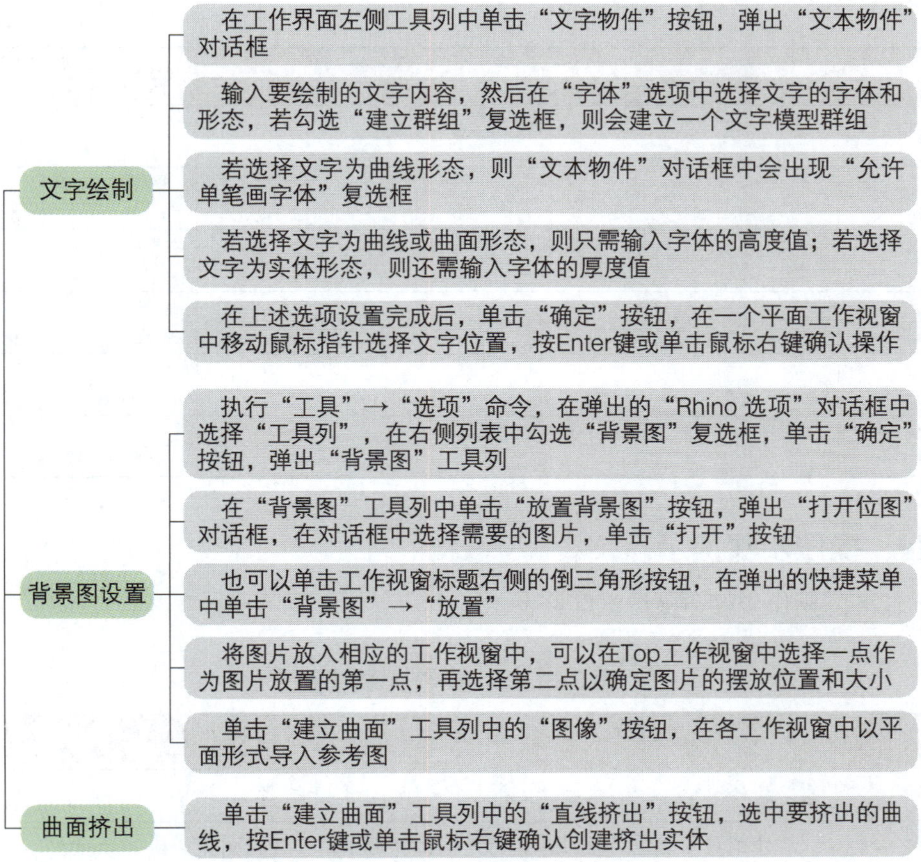

- 文字绘制
  - 在工作界面左侧工具列中单击“文字物件”按钮，弹出“文本物件”对话框
  - 输入要绘制的文字内容，然后在“字体”选项中选择文字的字体和形态，若勾选“建立群组”复选框，则会建立一个文字模型群组
  - 若选择文字为曲线形态，则“文本物件”对话框中会出现“允许单笔画字体”复选框
  - 若选择文字为曲线或曲面形态，则只需输入字体的高度值；若选择文字为实体形态，则还需输入字体的厚度值
  - 在上述选项设置完成后，单击“确定”按钮，在一个平面工作视窗中移动鼠标指针选择文字位置，按Enter键或单击鼠标右键确认操作
- 背景图设置
  - 执行“工具”→“选项”命令，在弹出的“Rhino 选项”对话框中选择“工具列”，在右侧列表中勾选“背景图”复选框，单击“确定”按钮，弹出“背景图”工具列
  - 在“背景图”工具列中单击“放置背景图”按钮，弹出“打开位图”对话框，在对话框中选择需要的图片，单击“打开”按钮
  - 也可以单击工作视窗标题右侧的倒三角形按钮，在弹出的快捷菜单中单击“背景图”→“放置”
  - 将图片放入相应的工作视窗中，可以在Top工作视窗中选择一点作为图片放置的第一点，再选择第二点以确定图片的摆放位置和大小
  - 单击“建立曲面”工具列中的“图像”按钮，在各工作视窗中以平面形式导入参考图
- 曲面挤出
  - 单击“建立曲面”工具列中的“直线挤出”按钮，选中要挤出的曲线，按Enter键或单击鼠标右键确认创建挤出实体

图 3-1-2　思维导图

本任务是根据所提供的图片素材，使用曲线工具、建立曲面工具和曲面工具等进行造型。在完成任务的过程中，应注意显示物件控点工具的使用方法与技巧，以及曲面工具的使用方法与技巧等。

三、实训计划制订

根据实训分析，完成实训计划的制订，填入表 3-1-1 中。

表 3-1-1　实训计划

序号	工作内容	所需时间

续表

序号	工作内容	所需时间

四、操作步骤提示

本任务的操作步骤和操作要点见表 3–1–2。

表 3–1–2　操作步骤提示

<table>
<tr><th>序号</th><th colspan="2">操作步骤</th><th>操作要点</th></tr>
<tr><td>1</td><td colspan="2">启动软件</td><td>双击“Rhino 7”快捷方式图标</td></tr>
<tr><td rowspan="4">2</td><td rowspan="4">制作店铺图标上半部分</td><td>绘制控制点曲线</td><td>在工作界面左侧工具列中单击“控制点曲线”按钮，绘制控制点曲线</td></tr>
<tr><td>绘制可调式混接曲线</td><td>在“曲线工具”工具列中单击“可调式混接曲线”按钮，在两条曲线或曲面边缘创建可以动态调整的混接曲线</td></tr>
<tr><td>组合</td><td>在工作界面左侧工具列中单击“组合”按钮</td></tr>
<tr><td>镜像</td><td>在“变动”工具列中单击“镜像”按钮</td></tr>
<tr><td>3</td><td colspan="2">制作店铺商标下半部分</td><td>重复与制作上半部分相同的操作</td></tr>
<tr><td>4</td><td colspan="2">上下组合，挤出曲面</td><td>在工作界面左侧工具列中单击“组合”按钮
在工作界面左侧工具列中单击“指定三或四个角建立曲面”按钮右下角的溢出按钮，在弹出的“建立曲面”工具列中单击“直线挤出”按钮</td></tr>
<tr><td>5</td><td colspan="2">保存文件</td><td>单击保存按钮或执行“文件”→“保存文件”命令</td></tr>
<tr><td>6</td><td colspan="2">退出软件</td><td>单击 Rhino 7 软件工作界面右上角的关闭按钮</td></tr>
</table>

五、操作要点记录

在表 3–1–3 中记录本实训任务的操作要点。

表 3-1-3　操作要点记录

序号	操作要点	备注

六、实训评价

在完成任务后展示作品，并分享任务过程中的心得和体会，然后从工具使用、软件操作、作品效果和作品展示等方面进行实训评价，可采用学生自评、学生互评与教师评价相结合的多元评价方式，见表 3-1-4。

表 3-1-4　实训评价

序号	评价要求	学生自评（占比 30%）	学生互评（占比 30%）	教师评价（占比 40%）
1	对实训任务的分析准确、到位（10 分）			
2	能选择合适的命令导入参考图片（20 分）			
3	能正确使用曲面挤出工具完成造型（30 分）			
4	能正确使用镜像工具进行图形绘制（30 分）			
5	展示及作品解说效果良好（10 分）			
综合得分				

七、实训拓展

参考图 3-1-3a、图 3-1-4a 和图 3-1-5a 所示的图片素材，使用 Rhino 7 软件完成图 3-1-3b、图 3-1-4b 和图 3-1-5b 所示的图标造型。

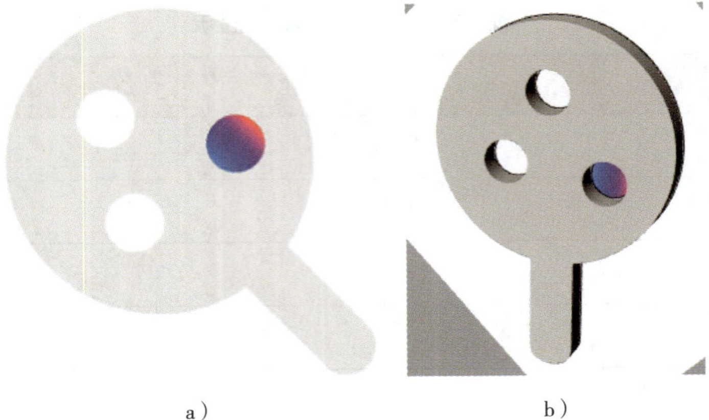

a）　　b）

图 3-1-3　孔图标
a）图片素材　b）图标造型

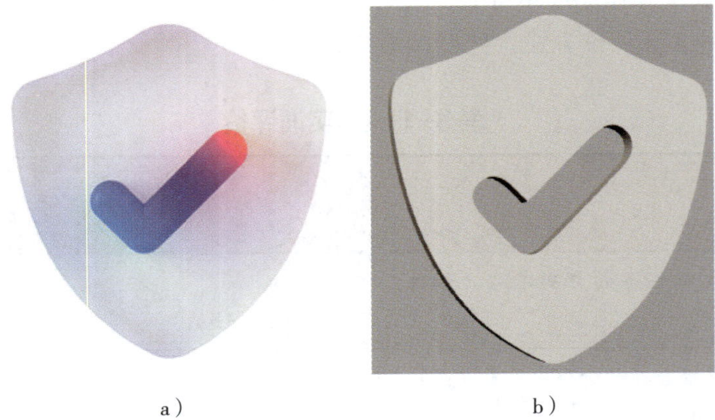

a）　　b）

图 3-1-4　商品图标
a）图片素材　b）图标造型

a）　　b）

图 3-1-5　“小心轻放”图标
a）图片素材　b）图标造型

八、知识巩固与提高

1. 在 Rhino 7 中，单击“建立曲面”工具列中的“(　　)”按钮，可以实现图片导入功能。

A. 曲面　　B. 平面

C. 图形　　D. 图像

2. 如果需要水平或垂直摆放背景图片，可以按住（　　）键。

A. Shift　　B. Esc

C. Enter　　D. Shift+Enter

3. 在 Rhino 7 中，文字具有三种形态，分别为（　　）。

A. 直线、曲面、实体　　B. 曲线、曲面、实体

C. 曲线、直线、实体　　D. 曲线、曲面、直线

4. 挤出曲线或曲面来创建一个（　　）的实体，挤出的物件可以是多重曲面也可以是轻量级的挤出物件。

A. 开放　　B. 开放或封闭

C. 封闭　　D. 任意

5. 在添加一个图像平面后，根据图片的摆放位置和大小，可以使用（　　）命令对导入的图像平面进行调整。

A.“平移”　　B.“缩放”

C.“平移”或“缩放”　　D.“镜像”

任务 2　开瓶器造型

一、实训情境

某小配件生产公司的设计师接受了一项设计任务：为本公司设计一款开瓶器。该任务要求设计师在 15 min 内使用 Rhino 7 软件进行产品造型设计，根据图 3-2-1a 所示的图片素材，设计并完成图 3-2-1b 所示的最终效果。

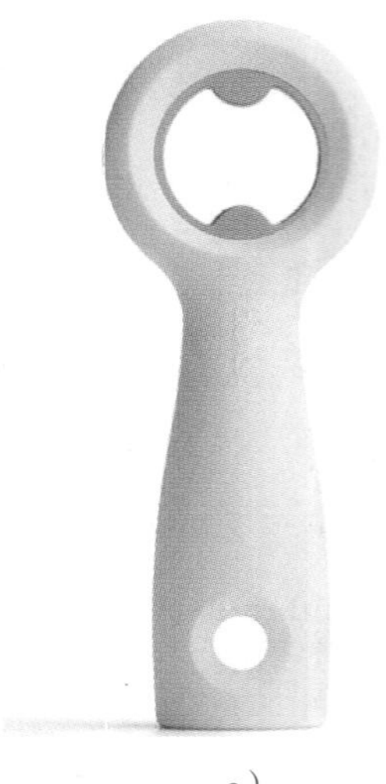

a）

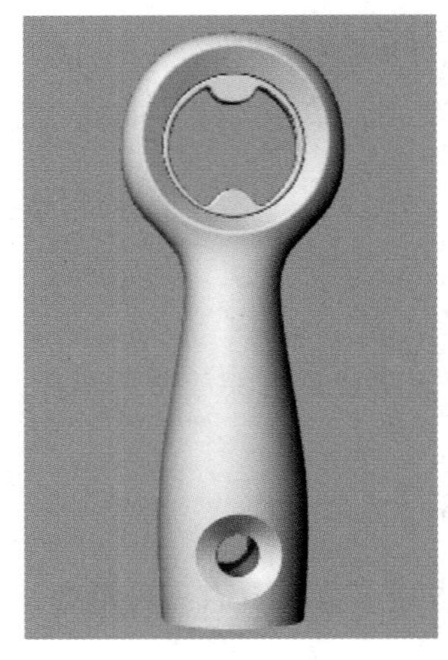

b）

图 3-2-1 开瓶器
a）图片素材 b）最终效果

二、实训分析

按照图 3-2-2 所示的思维导图复习教材中的知识点和技能点。

- 建立曲面
  - 放样：在同一走向的一系列曲线上建立曲面
  - 嵌面：建立逼近被选取的线和点物件的曲面，主要用于修复破裂的曲面
  - 图像：在各工作视窗中以平面形式导入参考图像
  - 直线挤出：将开放或封闭的曲线沿与工作平面垂直的方向笔直地挤出，以建立曲面或实体
  - 单轨扫掠：将数条定义曲面形状的曲线沿着一条路径扫掠来建立曲面
  - 双轨扫掠：将数条定义曲面形状的曲线沿着两条路径扫掠来建立曲面
  - 旋转成形：将一条曲线绕着轴线旋转来建立曲面
- 旋转曲面
  - 单击“建立曲面”工具列中的“旋转成形”按钮，以一条轮廓曲线绕着指定旋转轴旋转来建立曲面。选取轮廓曲线，单击鼠标右键确定，然后指定旋转轴的起点和终点，再选择旋转选项，即可完成旋转曲面的创建
  - 右击“旋转成形”按钮，即可执行“沿着路径旋转”操作。选取一条轮廓曲线，然后选取路径曲线，指定旋转轴的起点和终点，根据需要设置旋转选项，即可沿着路径形成一个曲面
- 扫掠曲面
  - 单轨扫掠：沿一条路径扫掠数条定义曲面形状的断面曲线建立曲面
  - 单击“建立曲面”工具列中的“单轨扫掠”按钮，选取一条曲线作为路径曲线，然后依照曲面通过的顺序选取数条断面曲线，若断面曲线为封闭曲线，可以根据需要调整曲线接缝位置，即可完成单轨扫掠曲面的创建
  - 双轨扫掠：沿两条路径扫掠数条定义曲面形状的断面曲线建立曲面
  - 单击“建立曲面”工具列中的“双轨扫掠”按钮，选取两条曲线作为路径曲线，然后依照曲面通过的顺序选取数条断面曲线，若断面曲线为封闭曲线，可以根据需要调整曲线接缝位置，即可完成双轨扫掠曲面的创建

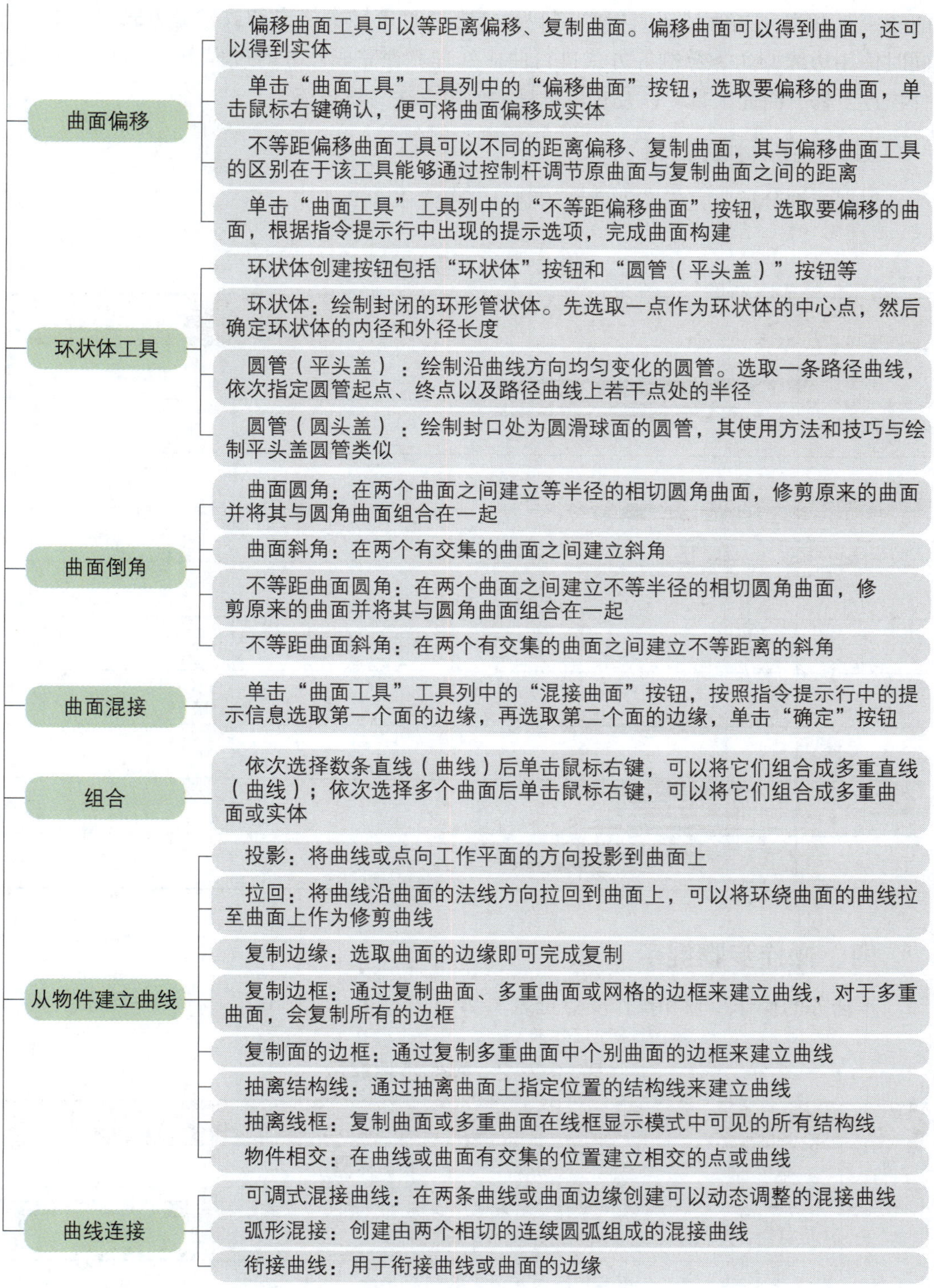

- 曲面偏移
  - 偏移曲面工具可以等距离偏移、复制曲面。偏移曲面可以得到曲面，还可以得到实体
  - 单击“曲面工具”工具列中的“偏移曲面”按钮，选取要偏移的曲面，单击鼠标右键确认，便可将曲面偏移成实体
  - 不等距偏移曲面工具可以不同的距离偏移、复制曲面，其与偏移曲面工具的区别在于该工具能够通过控制杆调节原曲面与复制曲面之间的距离
  - 单击“曲面工具”工具列中的“不等距偏移曲面”按钮，选取要偏移的曲面，根据指令提示行中出现的提示选项，完成曲面构建
- 环状体工具
  - 环状体创建按钮包括“环状体”按钮和“圆管（平头盖）”按钮等
  - 环状体：绘制封闭的环形管状体。先选取一点作为环状体的中心点，然后确定环状体的内径和外径长度
  - 圆管（平头盖）：绘制沿曲线方向均匀变化的圆管。选取一条路径曲线，依次指定圆管起点、终点以及路径曲线上若干点处的半径
  - 圆管（圆头盖）：绘制封口处为圆滑球面的圆管，其使用方法和技巧与绘制平头盖圆管类似
- 曲面倒角
  - 曲面圆角：在两个曲面之间建立等半径的相切圆角曲面，修剪原来的曲面并将其与圆角曲面组合在一起
  - 曲面斜角：在两个有交集的曲面之间建立斜角
  - 不等距曲面圆角：在两个曲面之间建立不等半径的相切圆角曲面，修剪原来的曲面并将其与圆角曲面组合在一起
  - 不等距曲面斜角：在两个有交集的曲面之间建立不等距离的斜角
- 曲面混接
  - 单击“曲面工具”工具列中的“混接曲面”按钮，按照指令提示行中的提示信息选取第一个面的边缘，再选取第二个面的边缘，单击“确定”按钮
- 组合
  - 依次选择数条直线（曲线）后单击鼠标右键，可以将它们组合成多重直线（曲线）；依次选择多个曲面后单击鼠标右键，可以将它们组合成多重曲面或实体
- 从物件建立曲线
  - 投影：将曲线或点向工作平面的方向投影到曲面上
  - 拉回：将曲线沿曲面的法线方向拉回到曲面上，可以将环绕曲面的曲线拉至曲面上作为修剪曲线
  - 复制边缘：选取曲面的边缘即可完成复制
  - 复制边框：通过复制曲面、多重曲面或网格的边框来建立曲线，对于多重曲面，会复制所有的边框
  - 复制面的边框：通过复制多重曲面中个别曲面的边框来建立曲线
  - 抽离结构线：通过抽离曲面上指定位置的结构线来建立曲线
  - 抽离线框：复制曲面或多重曲面在线框显示模式中可见的所有结构线
  - 物件相交：在曲线或曲面有交集的位置建立相交的点或曲线
- 曲线连接
  - 可调式混接曲线：在两条曲线或曲面边缘创建可以动态调整的混接曲线
  - 弧形混接：创建由两个相切的连续圆弧组成的混接曲线
  - 衔接曲线：用于衔接曲线或曲面的边缘

图 3-2-2　思维导图

本任务是根据所提供的图片素材，使用控制点曲线工具、直线工具、可调式混接

曲线工具和复制边缘线工具等绘制轮廓，再通过旋转、挤出和放样等方式建立曲面，同时使用边缘圆角、分割等方式进行曲面处理。在完成任务的过程中，应注意显示物件控点工具、曲面工具，以及实体工具的使用方法与技巧等。

三、实训计划制订

根据实训分析，完成实训计划的制订，填入表 3-2-1 中。

表 3-2-1　实训计划

序号	工作内容	所需时间

四、操作步骤提示

本任务的操作步骤和操作要点见表 3-2-2。

表 3-2-2　操作步骤提示

序号	操作步骤	操作要点
1	启动软件	双击“Rhino 7”快捷方式图标
2	导入图片素材	在“工作视窗配置”工具列中单击“图像”按钮，在各工作视窗中以平面形式导入图片素材
3	绘制控制点曲线	在工作界面左侧工具列中单击“控制点曲线”按钮，绘制控制点曲线
4	旋转成形	在“建立曲面”工具列中单击“旋转成形”按钮，以一条轮廓曲线绕着指定旋转轴旋转来建立曲面

续表

序号	操作步骤	操作要点
5	复制边缘	在工作界面左侧工具列中单击“从物件建立曲线”按钮右下角的溢出按钮，在弹出的“从物件建立曲线”工具列中单击“复制边缘”按钮，选取曲面的边，完成边缘的复制
6	放样	在“建立曲面”工具列中单击“放样”按钮，进行放样
7	分割	在“变动”工具列中单击“分割”按钮，分割物件
8	保存文件	单击保存按钮或执行“文件”→“保存文件”命令
9	退出软件	单击 Rhino 7 软件工作界面右上角的关闭按钮

五、操作要点记录

在表 3-2-3 中记录本实训任务的操作要点。

表 3-2-3　操作要点记录

序号	操作要点	备注

六、实训评价

在完成任务后展示作品，并分享任务过程中的心得和体会，然后从工具使用、软件操作、作品效果和作品展示等方面进行实训评价，可采用学生自评、学生互评与教师评价相结合的多元评价方式，见表 3-2-4。

表 3-2-4　实训评价

序号	评价要求	学生自评（占比 30%）	学生互评（占比 30%）	教师评价（占比 40%）
1	对实训任务的分析准确、到位（10 分）			
2	能按要求导入图像（10 分）			
3	能正确使用旋转工具构建曲面（20 分）			
4	能正确使用复制边缘命令（10 分）			

续表

序号	评价要求	学生自评（占比 30%）	学生互评（占比 30%）	教师评价（占比 40%）
5	能正确使用放样工具构建曲面（20 分）			
6	能正确使用分割命令（20 分）			
7	展示及作品解说效果良好（10 分）			
综合得分				

七、实训拓展

参考图 3-2-3a 所示的图片素材，使用 Rhino 7 软件完成图 3-2-3b 所示的多功能照明灯的造型效果。

a）

b）

图 3-2-3　多功能照明灯
a）图片素材　b）造型效果

八、知识巩固与提高

1. 沿着路径成形曲面是将一条轮廓曲线绕旋转轴（　　）所形成的曲面。

A. 平移　　B. 并沿路径直线旋转

C. 旋转　　D. 并沿路径曲线旋转

2. 单轨扫掠是指通过沿一条路径（　　）数条定义曲面形状的断面曲线建立曲面。

A. 旋转　　B. 旋转和扫掠

C. 扫掠　　D. 拉伸

3.（　　）是指通过沿两条路径扫掠数条定义曲面形状的断面曲线建立曲面。

A. 双轨扫掠　　B. 单轨扫掠

C. 旋转　　D. 拉伸

4. 偏移曲面可以等距离（　　）曲面。

A. 偏移　　B. 复制

C. 移动　　D. 偏移、复制

5. 圆管（平头盖）工具用于绘制沿曲线方向均匀变化的圆管，该圆管两端封口为（　　）。

A. 直线　　B. 曲线

C. 平面　　D. 曲面

任务 3　空气净化器造型

一、实训情境

某小家电生产公司的设计师接受了一项设计任务：为本公司设计一款空气净化器。该任务要求设计师在 15 min 内使用 Rhino 7 软件进行产品造型设计，根据图 3–3–1a、图 3–3–1b 和图 3–3–1c 所示的图片素材，设计并完成图 3–3–1d 所示的最终效果。

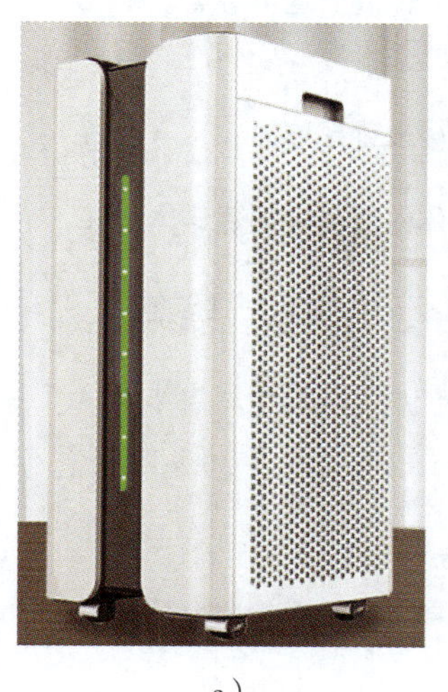
a）

b）

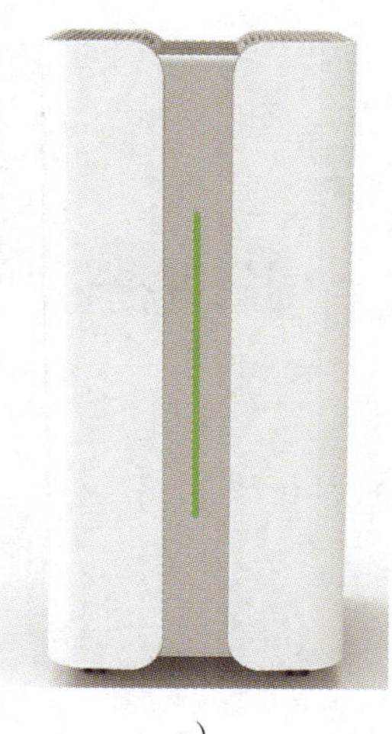
c）

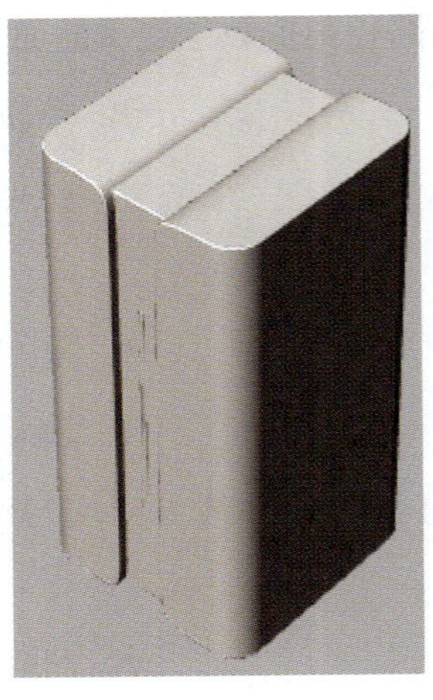

d）

图 3–3–1 空气净化器

a）图片素材 1 b）图片素材 2 c）图片素材 3 d）最终效果

二、实训分析

按照图 3–3–2 所示的思维导图复习教材中的知识点和技能点。

- 立方体
  - 角对角、高度：通过指定立方体底面和高度来创建立方体
  - 对角线：创建方式与“立方体：角对角、高度”工具大致相同，不同的是指定底面和高度时要指定对角线
  - 三点、高度：通过指定立方体底面的三个点和高度来创建立方体
  - 底面中心点、角、高度（右击“立方体：三点、高度”按钮启用）：通过指定立方体底面的中心点、角和高度来创建立方体
- 球体
  - 中心点、半径：通过指定半径来创建球体
  - 直径：通过指定两点确定球体的直径来创建球体
  - 三点：通过指定基圆上三个点的位置来创建球体
  - 环绕曲线：选取曲线上的一个点，以这个点为球体的中心来创建球体

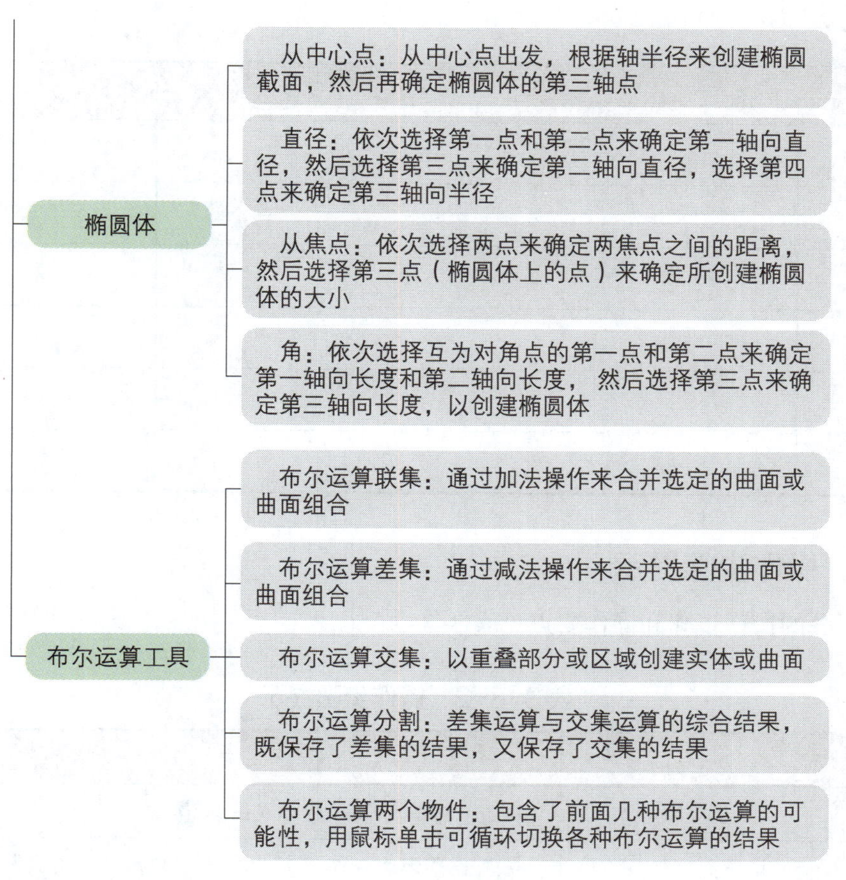

图 3-3-2　思维导图

本任务是根据所提供的图片素材，使用曲线工具、建立曲面工具和曲面工具等进行造型。在完成任务的过程中，应注意显示物件控点工具、曲面工具的使用方法与技巧等。

三、实训计划制订

根据实训分析，完成实训计划的制订，填入表 3-3-1 中。

表 3-3-1　实训计划

序号	工作内容	所需时间

续表

序号	工作内容	所需时间

四、操作步骤提示

本任务的操作步骤和操作要点见表 3-3-2。

表 3-3-2　操作步骤提示

<table>
<tr><th>序号</th><th colspan="2">操作步骤</th><th>操作要点</th></tr>
<tr><td>1</td><td colspan="2">启动软件</td><td>双击“Rhino 7”快捷方式图标</td></tr>
<tr><td rowspan="3">2</td><td rowspan="3">制作空气净化器主体</td><td>绘制矩形，直线挤出</td><td>在工作界面左侧工具列中单击“矩形：角对角”按钮，绘制矩形
在“建立曲面”工具列中单击“直线挤出”按钮</td></tr>
<tr><td>绘制控制点曲线，挤出曲面</td><td>在工作界面左侧工具列中单击“控制点曲线”按钮，绘制控制点曲线
在工作界面左侧工具列中单击“建立实体”按钮右下角的溢出按钮，在弹出的“建立实体”工具列中单击“挤出曲面”按钮，挤出曲面</td></tr>
<tr><td>布尔运算差集</td><td>在工作界面左侧工具列中单击“实体工具”按钮右下角的溢出按钮，在弹出的“实体工具”工具列中单击“布尔运算差集”按钮</td></tr>
<tr><td rowspan="3">3</td><td rowspan="3">制作空气净化器内部</td><td>绘制控制点曲线并组合</td><td>在工作界面左侧工具列中单击“控制点曲线”按钮，绘制控制点曲线
在工作界面左侧工具列中单击“组合”按钮</td></tr>
<tr><td>设置 X、Y、Z 轴坐标</td><td>在“变动”工具列中单击“设置点”按钮，设置 X、Y、Z 轴坐标</td></tr>
<tr><td>平面洞加盖</td><td>在“实体工具”工具列中单击“将平面洞加盖”按钮</td></tr>
</table>

续表

序号	操作步骤	操作要点
4	整体倒圆角	在工作界面左侧工具列中单击“曲线圆角”按钮
5	保存文件	单击保存按钮或执行“文件”→“保存文件”命令
6	退出软件	单击 Rhino 7 软件工作界面右上角的关闭按钮

五、操作要点记录

在表 3-3-3 中记录本实训任务的操作要点。

表 3-3-3 操作要点记录

序号	操作要点	备注

六、实训评价

在完成任务后展示作品，并分享任务过程中的心得和体会，然后从工具使用、软件操作、作品效果和作品展示等方面进行实训评价，可采用学生自评、学生互评与教师评价相结合的多元评价方式，见表 3-3-4。

表 3-3-4 实训评价

序号	评价要求	学生自评（占比 30%）	学生互评（占比 30%）	教师评价（占比 40%）
1	对实训任务的分析准确、到位（10 分）			
2	能正确使用直线挤出工具构建曲面（20 分）			
3	能正确使用布尔运算差集工具编辑曲面（20 分）			
4	能正确使用平面洞加盖工具进行曲面加盖（20 分）			

续表

序号	评价要求	学生自评（占比 30%）	学生互评（占比 30%）	教师评价（占比 40%）
5	能正确使用倒圆角命令倒圆角（20 分）			
6	展示及作品解说效果良好（10 分）			
综合得分				

七、实训拓展

参考图 3-3-3a、图 3-3-3b 和图 3-3-3c 所示的图片素材，使用 Rhino 7 软件完成图 3-3-3d 所示的加湿器的造型效果。

a）

b）

c）

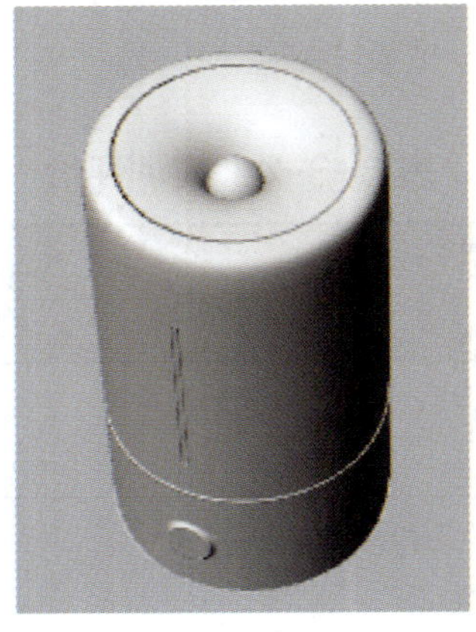

d）

图 3-3-3　加湿器

a）图片素材 1　b）图片素材 2　c）图片素材 3　d）造型效果

八、知识巩固与提高

1. 选取曲线上的一个点，以这个点为球体的中心来创建球体的工具是（　　）。

A. 球体：四点　　B. 球体：直径

C. 球体：三点　　D. 球体：环绕曲线

2. 从中心点出发，根据轴半径来创建椭圆截面，然后再确定椭圆体的第三轴点的构建椭圆的工具是（　　）。

A. 椭圆体：角　　B. 椭圆体：从焦点

C. 椭圆体：直径　　D. 椭圆体：从中心点

3. 通过加法操作来合并选定的曲面或曲面组合的工具是布尔运算（　　）。

A. 联集　　B. 差集

C. 交集　　D. 分割

4. 以一组多重曲面或曲面减去另一组多重曲面或曲面与它交集的部分的工具是布尔运算（　　）。

A. 联集　　B. 差集

C. 交集　　D. 分割

5. 以重叠部分或区域创建实体或曲面的工具是布尔运算（　　）。

A. 联集　　B. 差集

C. 交集　　D. 分割

任务 4　车载充电器造型

一、实训情境

某电子配件公司的设计师接受了一项设计任务：为本公司设计一款车载充电器。该任务要求设计师在 15 min 内使用 Rhino 7 软件进行产品造型设计，根据图 3–4–1a 所示的图片素材，设计并完成图 3–4–1b 所示的最终效果。

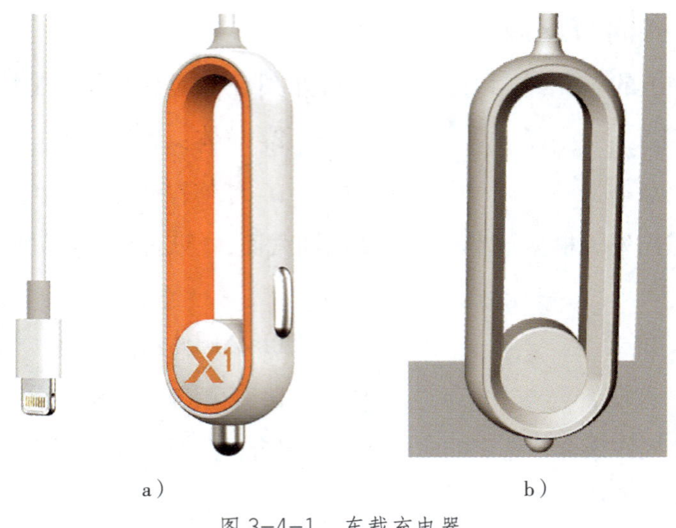

a） b）

图 3-4-1 车载充电器

a）图片素材 b）最终效果

二、实训分析

按照图 3-4-2 所示的思维导图复习教材中的知识点和技能点。

- 直线挤出
  - 在“建立曲面”工具列中单击“直线挤出”按钮，可根据需要在指令提示行中将“实体”切换成“是”或者“否”，然后将平面图形拉伸至合适的高度，进行挤出操作
- 曲面偏移
  - 偏移曲面工具可以等距离偏移、复制曲面。偏移曲面可以得到曲面，还可以得到实体
  - 单击“曲面工具”工具列中的“偏移曲面”按钮，选取要偏移的曲面，单击鼠标右键确认，便可将曲面偏移成实体
  - 不等距偏移曲面工具可以不同的距离偏移、复制曲面，其与偏移曲面工具的区别在于该工具能够通过控制杆调节原曲面与复制曲面之间的距离
  - 单击“曲面工具”工具列中的“不等距偏移曲面”按钮，选取要偏移的曲面，根据指令提示行中出现的提示选项，完成曲面构建
- 平面洞加盖
  - 在“实体工具”工具列中单击“平面洞加盖”按钮，进行平面洞加盖操作
  - 选取需要加盖的物件，单击鼠标右键确定，完成平面洞加盖操作

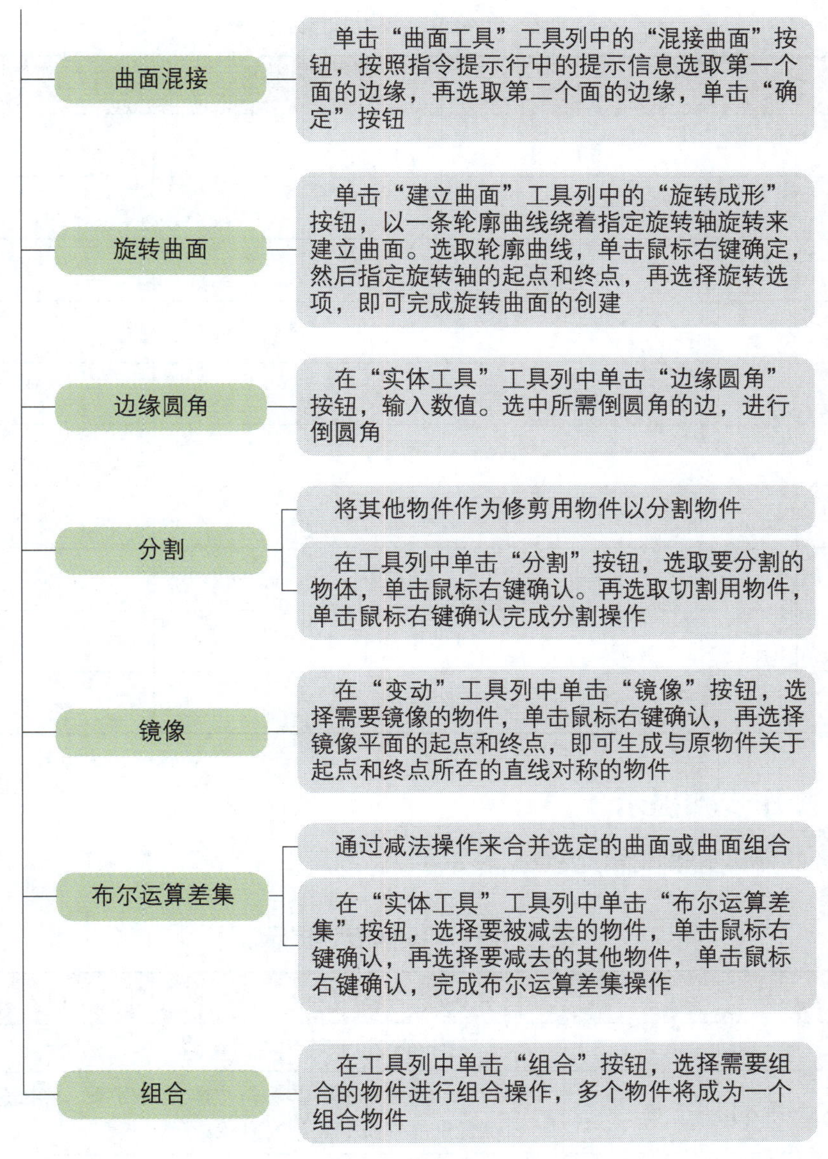

图 3-4-2　思维导图

本任务是根据所提供的图片素材，使用圆角矩形工具、控制点曲线工具、建立曲面工具、曲面工具和实体工具等进行造型。在完成任务的过程中，应注意显示物件控点工具、曲面工具，以及实体工具的使用方法与技巧等。

三、实训计划制订

根据实训分析，完成实训计划的制订，填入表 3-4-1 中。

表 3-4-1　实训计划

序号	工作内容	所需时间

四、操作步骤提示

本任务的操作步骤和操作要点见表 3-4-2。

表 3-4-2　操作步骤提示

序号	操作步骤		操作要点
1	启动软件		双击“Rhino 7”快捷方式图标
2	导入图片素材		在“工作视窗配置”工具列中单击“图像”按钮，在各工作视窗中以平面形式导入图片素材
3	制作车载充电器外部轮廓	绘制圆角矩形	在工作界面左侧工具列中单击“矩形：角对角”按钮，右下角的溢出按钮，在弹出的“矩形”工具列中单击“圆角矩形”按钮，绘制圆角矩形
		镜像	在“变动”工具列中单击“镜像”按钮
		放样	在“建立曲面”工具列中单击“放样”按钮，进行放样
		往曲面法线方向挤出曲线	在“建立曲面”工具列中单击“往曲面法线方向挤出曲线”按钮，往曲面法线方向挤出曲线
		复制边缘并组合	在“从物件建立曲线”工具列中单击“复制边缘”按钮，选取曲面的边，即可完成边缘的复制 在工作界面左侧工具列中单击“组合”按钮

续表

序号	操作步骤		操作要点
3	制作车载充电器外部轮廓	偏移曲线，放样	在“曲线工具”工具列中单击“偏移曲线”按钮，偏移曲线 在“建立曲面”工具列中单击“放样”按钮，进行放样
4	制作车载充电器内部圆柱	绘制圆，挤出直线，边缘圆角，布尔运算差集	在工作界面左侧工具列中单击“圆：中心点、半径”按钮，绘制圆 在“建立曲面”工具列中单击“直线挤出”按钮，挤出直线 在“实体工具”工具列中单击“边缘圆角”按钮，进行边缘圆角 在“实体工具”工具列中单击“布尔运算差集”按钮
5	制作车载充电器底部圆柱	绘制控制点曲线，旋转成形，修剪	在工作界面左侧工具列中单击“控制点曲线”按钮，绘制控制点曲线 在“建立曲面”工具列中单击“旋转成形”按钮，以一条轮廓曲线绕着指定旋转轴旋转来建立曲面 在工作界面左侧工具列中单击“修剪”按钮
6	制作车载充电器上、下充电线连接部分	绘制控制点曲线，旋转成形，平面洞加盖，修剪，边缘圆角	在工作界面左侧工具列中单击“控制点曲线”按钮，绘制控制点曲线 在“建立曲面”工具列中单击“旋转成形”按钮，以一条轮廓曲线绕着指定旋转轴旋转来建立曲面 在“实体工具”工具列中单击“将平面洞加盖”按钮，将平面洞加盖 在工作界面左侧工具列中单击“修剪”按钮 在“实体工具”工具列中单击“边缘圆角”按钮，进行边缘圆角
7	制作充电线	绘制直线，旋转成形	在工作界面左侧工具列中单击“多重直线”按钮，绘制直线 在“建立曲面”工具列中单击“旋转成形”按钮，以一条轮廓曲线绕着指定旋转轴旋转来建立曲面
8	保存文件		单击保存按钮或执行“文件”→“保存文件”命令
9	退出软件		单击 Rhino 7 软件工作界面右上角的关闭按钮

五、操作要点记录

在表 3-4-3 中记录本实训任务的操作要点。

表 3-4-3　操作要点记录

序号	操作要点	备注

六、实训评价

在完成任务后展示作品，并分享任务过程中的心得和体会，然后从工具使用、软件操作、作品效果和作品展示等方面进行实训评价，可采用学生自评、学生互评与教师评价相结合的多元评价方式，见表 3-4-4。

表 3-4-4　实训评价

序号	评价要求	学生自评（占比 30%）	学生互评（占比 30%）	教师评价（占比 40%）
1	对实训任务的分析准确、到位（10 分）			
2	能正确使用旋转成形工具构建曲面（20 分）			
3	能正确使用曲面混接工具构建曲面（20 分）			
4	能正确使用分割工具分割物件（20 分）			
5	能正确使用镜像工具镜像物件（20 分）			
6	展示及作品解说效果良好（10 分）			
综合得分				

七、实训拓展

参考图 3-4-3a 所示的图片素材，使用 Rhino 7 软件完成图 3-4-3b 所示的取暖器的造型效果。

a）

b）

图 3-4-3　取暖器
a）图片素材　b）造型效果

八、知识巩固与提高

1. 平面洞加盖工具在“（　　）”工具列中。

A. 实体工具　　B. 实体编辑
C. 曲面工具　　D. 曲面编辑

2. 组合工具可将不同的物件组合在一起成为单一物件，数条直线可以组合成（　　）。

A. 单一直线　　B. 多重直线
C. 单一物件　　D. 多重物件

3. 炸开工具可将组合在一起的物件打散成为（　　）。

A. 单独的物件　　B. 组合的物件
C. 单一的物体　　D. 组合的物体

4. 混接曲面工具可在两个曲面之间建立（　　）。

A. 直的混接曲面　　B. 平滑的混接曲面
C. 混接曲面　　D. 任意的混接曲面

5. 偏移曲面工具可以（　　）偏移、复制曲面。

A. 等距离　　B. 不等距离
C. 均距　　D. 平均

项目四 高级造型

任务 1　摄像头造型

一、实训情境

某电子安防监控产品公司的设计师接受了一项设计任务：为本公司设计一款摄像头。该任务要求设计师在 20 min 内使用 Rhino 7 软件进行产品造型设计，根据图 4–1–1a 所示的图片素材，设计并完成图 4–1–1b 所示的最终效果。

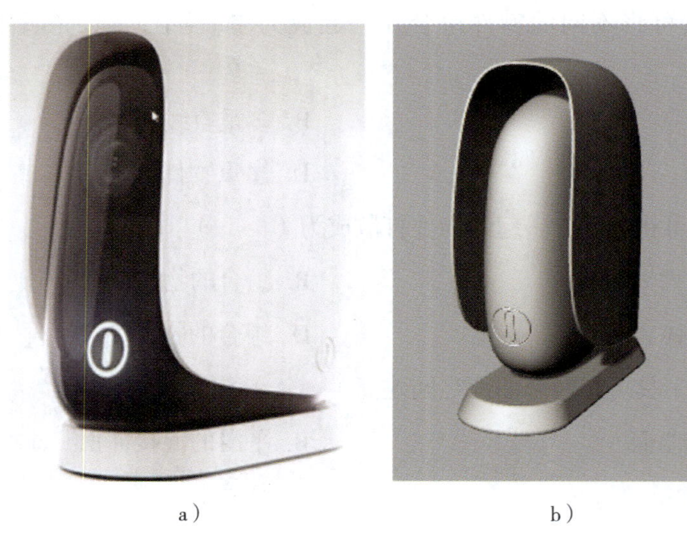

a）　　b）

图 4-1-1　摄像头
a）图片素材　b）最终效果

二、实训分析

按照图 4–1–2 所示的思维导图复习教材中的知识点和技能点。

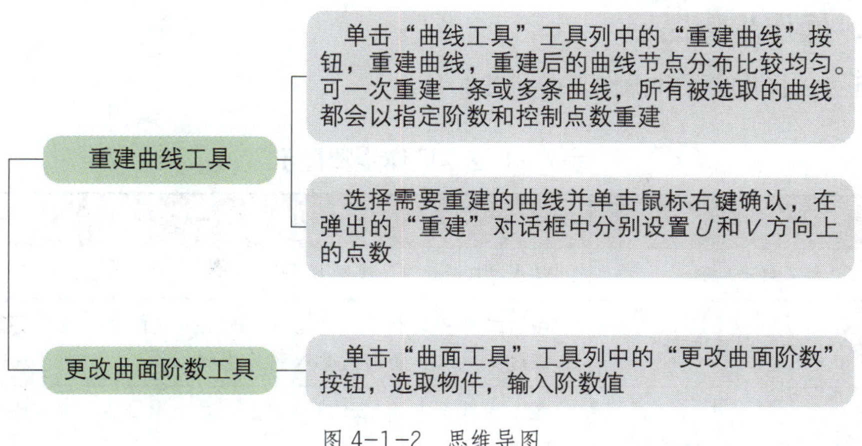

图 4-1-2　思维导图

本任务是根据所提供的图片素材，使用圆角矩形工具、控制点曲线工具、内插点曲线重建曲面工具、曲面工具和实体工具等进行造型。在完成任务的过程中，应注意显示物件控点工具、曲面工具，以及实体工具的使用方法与技巧等。

三、实训计划制订

根据实训分析，完成实训计划的制订，填入表 4-1-1 中。

表 4-1-1　实训计划

序号	工作内容	所需时间

四、操作步骤提示

本任务的操作步骤和操作要点见表 4–1–2。

表 4–1–2　操作步骤提示

序号	操作步骤		操作要点
1	启动软件		双击“Rhino 7”快捷方式图标
2	导入图片素材		在“工作视窗配置”工具列中单击“图像”按钮，在各工作视窗中以平面形式导入图片素材
3	制作摄像头内部轮廓	绘制圆、重建曲线	在工作界面左侧工具列中单击“圆：中心点、半径”按钮，绘制圆 在“曲线工具”工具列中单击“重建曲线”按钮，重建曲线
		绘制中心线、绘制内插点曲线	在工作界面左侧工具列中单击“多重直线”按钮，绘制中心线 在“曲线”工具列中单击“曲面上的内插点曲线”按钮，绘制内插点曲线
		沿着路径旋转	在“建立曲面”工具列中右击“旋转成形”按钮，执行“沿着路径旋转”操作
4	制作摄像头外部轮廓	绘制控制点曲线	在工作界面左侧工具列中单击“控制点曲线”按钮，绘制控制点曲线
		移动	在“变动”工具列中单击“移动”按钮，在移动后打开控制点调整曲线
		重建曲线、衔接曲线、双轨扫掠	在“曲线工具”工具列中单击“重建曲线”按钮，重建曲线 在“曲线工具”工具列中单击“衔接曲线”按钮，衔接曲线 在“建立曲面”工具列中单击“双轨扫掠”按钮
5	制作摄像头底部	绘制圆角矩形、放样、平面洞加盖	在“矩形”工具列中单击“圆角矩形”按钮，绘制圆角矩形 在“建立曲面”工具列中单击“放样”按钮，进行放样 在“实体工具”工具列中单击“将平面洞加盖”按钮，为平面洞加盖
6	制作摄像头按钮	绘制圆角矩形、布尔运算差集	在“矩形”工具列中单击“圆角矩形”按钮，绘制圆角矩形 在“实体工具”工具列中单击“布尔运算差集”按钮
7	保存文件		单击保存按钮或执行“文件”→“保存文件”命令
8	退出软件		单击 Rhino 7 软件工作界面右上角的关闭按钮

五、操作要点记录

在表 4-1-3 中记录本实训任务的操作要点。

表 4-1-3　操作要点记录

序号	操作要点	备注

六、实训评价

在完成任务后展示作品，并分享任务过程中的心得和体会，然后从工具使用、软件操作、作品效果和作品展示等方面进行实训评价，可采用学生自评、学生互评与教师评价相结合的多元评价方式，见表 4-1-4。

表 4-1-4　实训评价

序号	评价要求	学生自评（占比 30%）	学生互评（占比 30%）	教师评价（占比 40%）
1	对实训任务的分析准确、到位（10 分）			
2	能按要求导入图像（10 分）			
3	能按要求使用重建曲线工具（20 分）			
4	能正确使用沿着路径旋转操作构建曲面（20 分）			
5	能正确使用双轨扫掠工具构建曲面（20 分）			
6	能正确使用布尔运算差集工具构建曲面（10 分）			
7	展示及作品解说效果良好（10 分）			
综合得分				

七、实训拓展

参考图 4-1-3a 所示的图片素材，使用 Rhino 7 软件完成图 4-1-3b 所示的小夜灯的造型效果。

a）

b）

图 4-1-3 小夜灯
a）图片素材 b）造型效果

八、知识巩固与提高

1. 重建曲线工具可以通过（ ）和（ ）来重建选取的曲线。

A. 指定阶数 控制点数　　B. 指定阶数 曲线节点

C. 曲线节点 控制点数　　D. 曲线节点 指定阶数

2. 更改曲面阶数工具可以通过指定阶数和控制点数来重建选取的（ ）。

A. 控制点或曲线　　B. 控制点或曲面

C. 曲线或曲面　　D. 曲面或曲线节点

3. 在更改曲面阶数时，复节点数量 = 原来节点位置的节点数量 +（ ）–（ ）。

A. 旧阶数 新阶数　　B. 点数 阶数

C. 阶数 点数　　D. 新阶数 旧阶数

4. 对曲面进行更改时需要输入（ ）、（ ）两个方向上的阶数值。

A. *X* *Y*　　B. *U* *V*

C. *X* *U*　　D. *Y* *V*

5. 在工具列中单击“显示物件控制点”按钮，显示控制点，在选择两个方向的控制点时，可按住（ ）键进行扩选。

A. Ctrl　　B. Enter

C. Alt　　D. Shift

任务 2　吸顶灯造型

一、实训情境

某灯具公司的设计师接受了一项设计任务：为本公司设计一款吸顶灯。该任务要求设计师在 20 min 内使用 Rhino 7 软件进行产品造型设计，根据图 4-2-1a 所示的图片素材，设计并完成图 4-2-1b 所示的最终效果。

a）

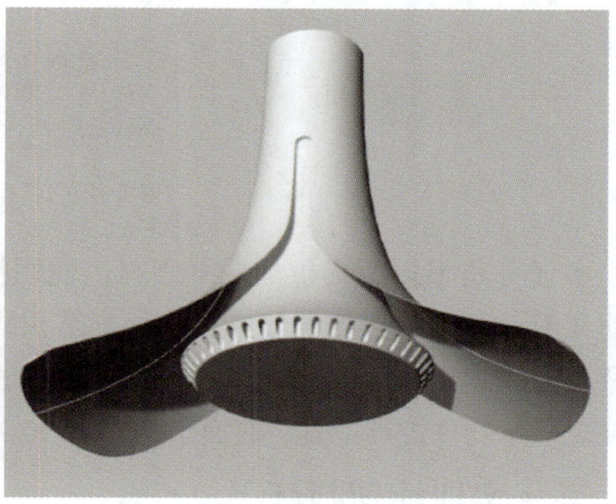

b）

图 4-2-1　吸顶灯
a）图片素材　b）最终效果

二、实训分析

按照图 4-2-2 所示的思维导图复习教材中的知识点和技能点。

- 旋转成形工具
  - 右击“旋转成形”按钮即可执行“沿着路径旋转”操作。选取一条轮廓曲线，然后选取路径曲线，指定旋转轴的起点和终点，根据需要设置旋转选项
- 圆管工具
  - 圆柱管：建立一个中间有圆柱洞的圆柱体
  - 在“建立实体”工具列中单击“圆柱管”按钮，指定底面圆形的中心点与半径。画出底面圆形后，再指定圆柱管的第二条半径或直径。指定圆柱管的另一端或输入高度，单击鼠标右键或按Enter键完成指令
  - 圆管（平头盖）：围绕曲线建立一个管状曲面，以平面加盖

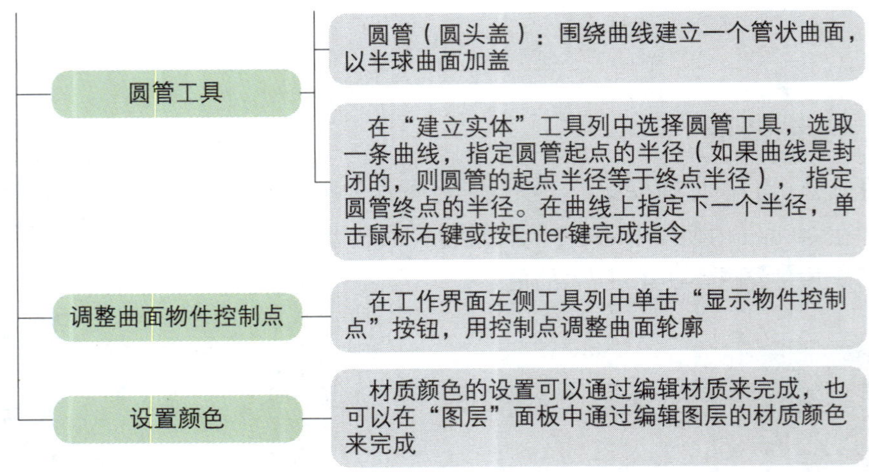

图 4-2-2　思维导图

本任务是根据所提供的图片素材，使用控制点曲线工具、直线工具、分割工具、投影工具、可调式混接曲线工具和抽离结构线工具等绘制轮廓，再通过旋转、放样和偏移等方式建立曲面，同时使用环形阵列等方式进行造型处理。在完成任务的过程中，应注意显示物件控点工具、曲面工具，以及实体工具的使用方法与技巧等。

三、实训计划制订

根据实训分析，完成实训计划的制订，填入表 4-2-1 中。

表 4-2-1　实训计划

序号	工作内容	所需时间

四、操作步骤提示

本任务的操作步骤和操作要点见表 4-2-2。

表 4-4-2 操作步骤提示

<table>
<tr><th>序号</th><th colspan="2">操作步骤</th><th>操作要点</th></tr>
<tr><td>1</td><td colspan="2">启动软件</td><td>双击“Rhino 7”快捷方式图标</td></tr>
<tr><td>2</td><td colspan="2">导入图片素材</td><td>在“工作视窗配置”工具列中单击“图像”按钮，在各工作视窗中以平面形式导入图片素材</td></tr>
<tr><td rowspan="3">3</td><td rowspan="3">制作吸顶灯外部轮廓</td><td>绘制控制点曲线</td><td>在工作界面左侧工具列中单击“控制点曲线”按钮，绘制控制点曲线，并打开控制点调整曲线</td></tr>
<tr><td>绘制直线、镜像、投影、分割、绘制圆角矩形</td><td>在工作界面左侧工具列中单击“多重直线”按钮，在绘制直线后将其镜像、投影和分割
在“矩形”工具列中单击“圆角矩形”按钮，绘制圆角矩形</td></tr>
<tr><td>绘制可调式混接曲线、镜像、修剪、分割</td><td>在“曲线工具”工具列中单击“可调式混接曲线”按钮，在绘制曲线后将其镜像、修剪和分割</td></tr>
<tr><td rowspan="3">4</td><td rowspan="3">制作吸顶灯内部轮廓</td><td>抽离结构线</td><td>在“从物件建立曲线”工具列中单击“抽离结构线”按钮，抽离结构线</td></tr>
<tr><td>复制边缘</td><td>在“从物件建立曲线”工具列中单击“复制边缘”按钮，然后调整控制点</td></tr>
<tr><td>旋转、放样、平面洞加盖</td><td>在“建立曲面”工具列中右击“旋转成形”按钮
在“建立曲面”工具列中单击“放样”按钮，进行放样
在“实体工具”工具列中单击“将平面洞加盖”按钮，为平面洞加盖</td></tr>
<tr><td rowspan="3">5</td><td rowspan="3">制作吸顶灯底部小孔</td><td>偏移曲面、镜像</td><td>在工作界面左侧工具列中单击“曲面圆角”按钮右下角的溢出按钮，在弹出的“曲面工具”工具列中单击“偏移曲面”按钮，在偏移曲面后镜像</td></tr>
<tr><td>抽离结构线、绘制圆角矩形</td><td>在“从物件建立曲线”工具列中单击“抽离结构线”按钮，抽离结构线
在“矩形”工具列中单击“圆角矩形”按钮，绘制圆角矩形，在绘制后拉伸环形阵列</td></tr>
<tr><td>布尔运算差集</td><td>在“实体工具”工具列中单击“布尔运算差集”按钮，删除多余线条</td></tr>
<tr><td>6</td><td colspan="2">保存文件</td><td>单击保存按钮或执行“文件”→“保存文件”命令</td></tr>
<tr><td>7</td><td colspan="2">退出软件</td><td>单击 Rhino 7 软件工作界面右上角的关闭按钮</td></tr>
</table>

五、操作要点记录

在表 4-2-3 中记录本实训任务的操作要点。

表 4-2-3　操作要点记录

序号	操作要点	备注

六、实训评价

在完成任务后展示作品，并分享任务过程中的心得和体会，然后从工具使用、软件操作、作品效果和作品展示等方面进行实训评价，可采用学生自评、学生互评与教师评价相结合的多元评价方式，见表 4-2-4。

表 4-2-4　实训评价

序号	评价要求	学生自评（占比 30%）	学生互评（占比 30%）	教师评价（占比 40%）
1	对实训任务的分析准确、到位（10 分）			
2	能按要求导入图像（10 分）			
3	能正确使用控制点曲线工具绘制曲线（10 分）			
4	能正确使用可调式混接曲线工具混接曲线（10 分）			
5	能正确使用抽离结构线工具提取曲线（20 分）			
6	能正确使用偏移曲面工具构建曲面（20 分）			
7	能正确使用平面洞加盖工具生成平面（10 分）			
8	展示及作品解说效果良好（10 分）			
综合得分				

七、实训拓展

参考图 4-2-3a 所示的图片素材，使用 Rhino 7 软件完成图 4-2-3b 所示的风扇灯的造型效果。

a）

b）

图 4-2-3 风扇灯
a）图片素材 b）造型效果

八、知识巩固与提高

1. 在渲染模式下，颜色的设置有两种方式，一种是设置（ ）物件的颜色，另一种是设置图层中（ ）物件的颜色。

A. 多个 所有　　B. 多个 单个

C. 单个 所有　　D. 单个 任意

2. 材质颜色的设置可以通过编辑（ ）来完成，也可以在“图层”面板中通过编辑（ ）来完成。

A. 材质 图层的材质颜色　　B. 图层的材质颜色 材质

C. 材质 材质　　D. 材质 图层的颜色

3. 在渲染性质上，物件的颜色分为（ ）颜色和（ ）颜色。

A. 图层 材质　　B. 材质 环境

C. 模型 图层　　D. 模型 材质

4. 若要将底座上下移动、调整位置时，可以按（ ）组合键并选中底部平面，将底部平面向上移动。

A. Alt+Ctrl　　B. Ctrl+Shift

C. Alt+Enter　　D. Ctrl+Alt

5. 材质颜色的设置可以通过编辑材质来完成，也可以在“(　　)”面板中通过编辑图层的材质颜色来完成。

A. 图层　　B. 图片

C. 图像　　D. 材质

任务 3　台灯造型

一、实训情境

某灯具公司的设计师接受了一项设计任务：为本公司设计一款台灯。该任务要求设计师在 15 min 内使用 Rhino 7 软件进行产品造型设计，根据图 4-3-1a 所示的图片素材，设计并完成图 4-3-1b 所示的最终效果。

a）

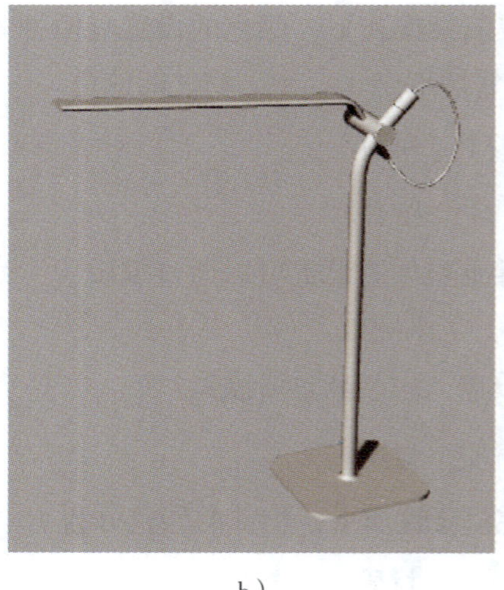

b）

图 4-3-1　台灯

a）图片素材　b）最终效果

二、实训分析

按照图 4-3-2 所示的思维导图复习教材中的知识点和技能点。

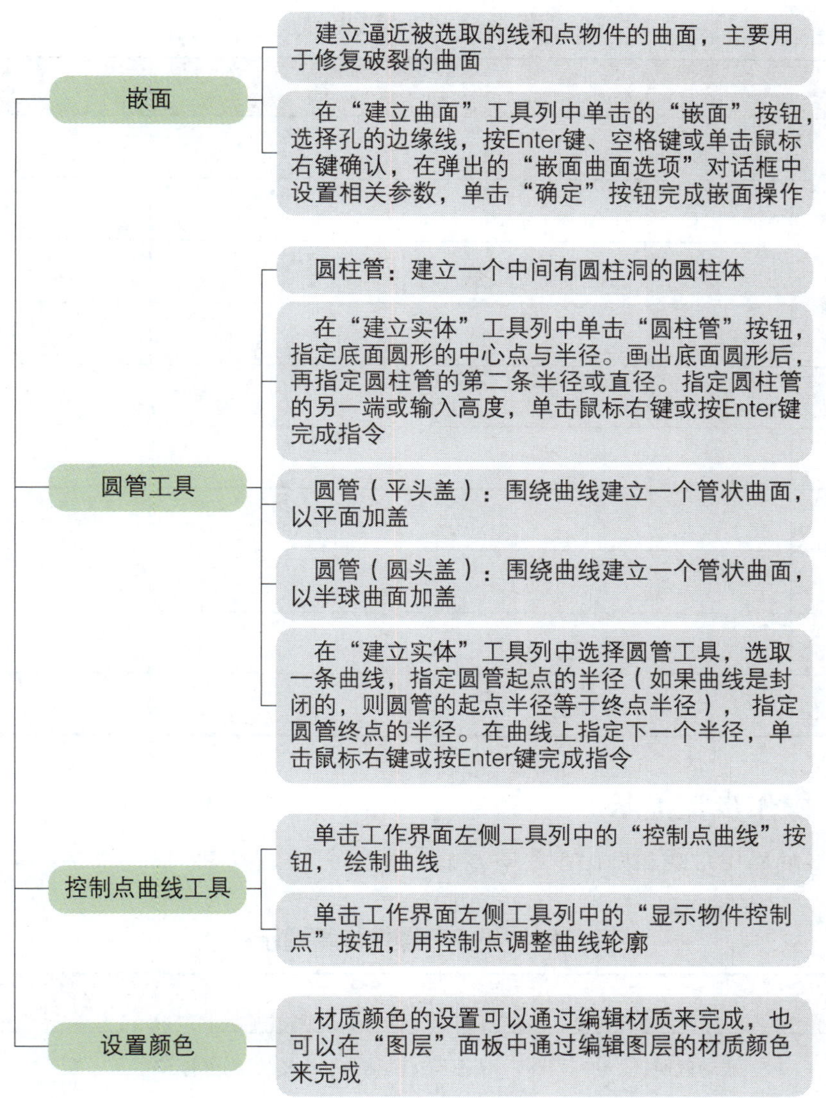

图 4-3-2 思维导图

本任务是根据所提供的图片素材，使用控制点曲线工具、直线工具、分割工具、投影工具、可调式混接曲线工具、抽离结构线工具和复制边缘线工具等绘制轮廓，再通过圆管、挤出和单轨扫掠等方式建立曲面，同时使用边缘圆角和布尔运算差集等方式进行处理。在完成任务的过程中，应注意显示物件控点工具、曲面工具，以及实体工具的使用方法与技巧等。

三、实训计划制订

根据实训分析，完成实训计划的制订，填入表 4-3-1 中。

表 4-3-1　实训计划

序号	工作内容	所需时间

四、操作步骤提示

本任务的操作步骤和操作要点见表 4-3-2。

表 4-3-2　操作步骤提示

<table>
<tr><th>序号</th><th colspan="2">操作步骤</th><th>操作要点</th></tr>
<tr><td>1</td><td colspan="2">启动软件</td><td>双击“Rhino 7”快捷方式图标</td></tr>
<tr><td>2</td><td colspan="2">导入图片素材</td><td>在“工作视窗配置”工具列中单击“图像”按钮，在各工作视窗中以平面形式导入图片素材</td></tr>
<tr><td>3</td><td>制作台灯主体轮廓</td><td>绘制直线、绘制控制点曲线、绘制圆管</td><td>在“直线”工具列中单击“直线：从中点”按钮，绘制直线
在工作界面左侧工具列中单击“控制点曲线”按钮，绘制控制点曲线，并打开控制点调整曲线
在“建立实体”工具列中单击“圆管（平头盖）”按钮，绘制圆管</td></tr>
<tr><td>4</td><td>制作台灯底座</td><td>绘制圆角矩形</td><td>在“矩形”工具列中单击“圆角矩形”按钮，绘制圆角矩形</td></tr>
</table>

续表

序号	操作步骤		操作要点
5	制作台灯底座与主体连接部分	复制边缘	在“从物件建立曲线”工具列中单击“复制边缘”按钮，将边缘复制后放大，并向下拉伸
		混接曲面、组合	在“曲面工具”工具列中单击“混接曲面”按钮，形成混接曲面，然后将曲面组合
6	制作台灯主体与灯头连接部分	绘制圆、直线挤出	在“圆”工具列中单击“圆：中心点、半径”按钮，绘制圆 在“建立曲面”工具列中单击“直线挤出”按钮，挤出曲面
7	制作灯头	绘制控制点曲线、绘制可调式混接曲线	在工作界面左侧工具列中单击“控制点曲线”按钮，绘制控制点曲线 在“曲线工具”工具列中单击“可调式混接曲线”按钮，绘制曲线，然后将曲线组合
		绘制圆角矩形、单轨扫掠、平面洞加盖、抽离结构线	在“矩形”工具列中单击“圆角矩形”按钮，绘制圆角矩形，然后将直线挤出 在“建立曲面”工具列中单击“单轨扫掠”按钮，绘制曲面 在“实体工具”工具列中单击“将平面洞加盖”按钮，为平面洞加盖 在“从物件建立曲线”工具列中单击“抽离结构线”按钮，抽离结构线
8	制作电线	绘制圆管	在“建立实体”工具列中单击“圆管（平头盖）”按钮，绘制圆管
9	保存文件		单击保存按钮或执行“文件”→“保存文件”命令
10	退出软件		单击 Rhino 7 软件工作界面右上角的关闭按钮

五、操作要点记录

在表 4–3–3 中记录本实训任务的操作要点。

表 4–3–3 操作要点记录

序号	操作要点	备注

续表

序号	操作要点	备注

六、实训评价

在完成任务后展示作品，并分享任务过程中的心得和体会，然后从工具使用、软件操作、作品效果和作品展示等方面进行实训评价，可采用学生自评、学生互评与教师评价相结合的多元评价方式，见表 4-3-4。

表 4-3-4 实训评价

序号	评价要求	学生自评（占比 30%）	学生互评（占比 30%）	教师评价（占比 40%）
1	对实训任务的分析准确、到位（10 分）			
2	能正确使用混接曲面工具构建曲面（20 分）			
3	能正确使用直线挤出工具构建曲面（20 分）			
4	能正确使用单轨扫掠工具构建曲面（20 分）			
5	能正确使用抽离结构线工具提取曲线（20 分）			
6	展示及作品解说效果良好（10 分）			
综合得分				

七、实训拓展

参考图 4-3-3a 所示的图片素材，使用 Rhino 7 软件完成图 4-3-3b 所示的搅拌器的造型效果。

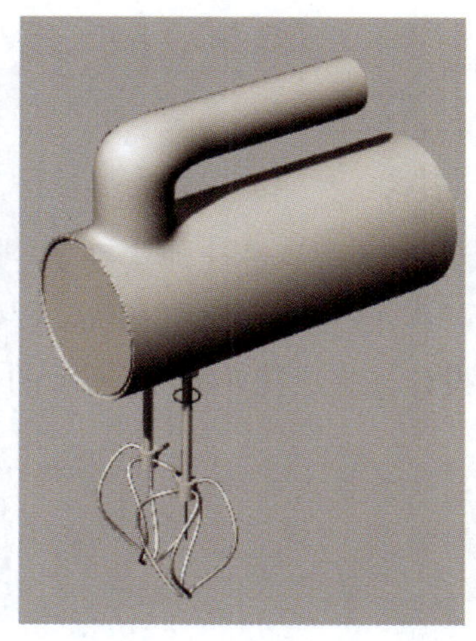

a）　　b）

图 4-3-3　搅拌器

a）图片素材　b）造型效果

八、知识巩固与提高

1. 嵌面可建立逼近被选取的线和点物件的曲面，主要用于修复（　　）。

A. 破裂的曲面　　B. 平面

C. 完整的曲面　　D. 破裂的平面

2. 材质颜色的设置可以通过编辑材质来完成，也可以在“（　　）”面板中通过编辑图层的材质颜色来完成。

A. 图层　　B. 图像

C. 图片　　D. 图形

3. 在工具列中单击“（　　）”按钮，可用控制点调整曲线轮廓。

A. 显示物件控制点　　B. 操作轴

C. 控制点曲线　　D. 物件锁点

4. 使用圆管（平头盖）工具可围绕曲线建立一个管状曲面，以（　　）加盖。

A. 平面　　B. 曲面

C. 球面　　D. 异形面

5. 在选取曲面的边缘线时，由于有多个元素可供选择，软件会弹出“候选列表”以提示用户选择所需的元素，直接用鼠标（　　）单击所需选项即可。

A. 左键　　B. 右键

C. 中键　　D. 任意键

任务 4　洗手机造型

一、实训情境

某卫浴配件生产公司的设计师接受了一项设计任务：为本公司设计一款洗手机。该任务要求设计师在 15 min 内使用 Rhino 7 软件进行产品造型设计，根据图 4-4-1a 所示的图片素材，设计并完成图 4-4-1b 所示的最终效果。

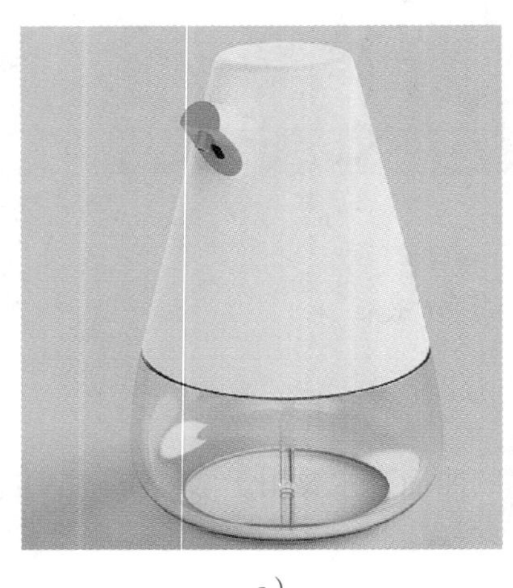

a）

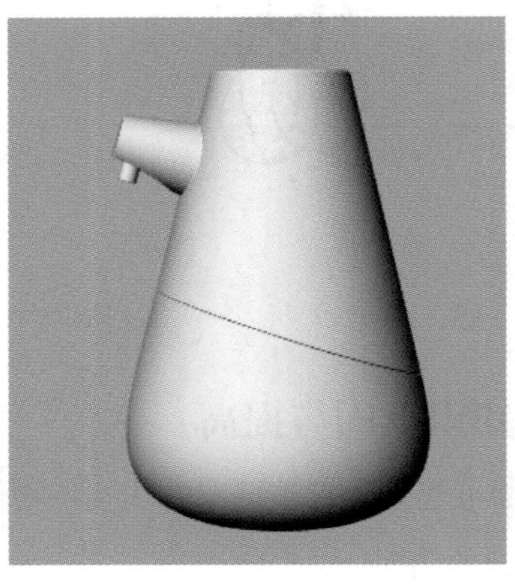

b）

图 4-4-1　洗手机

a）图片素材　b）最终效果

二、实训分析

按照图 4-4-2 所示的思维导图复习教材中的知识点和技能点。

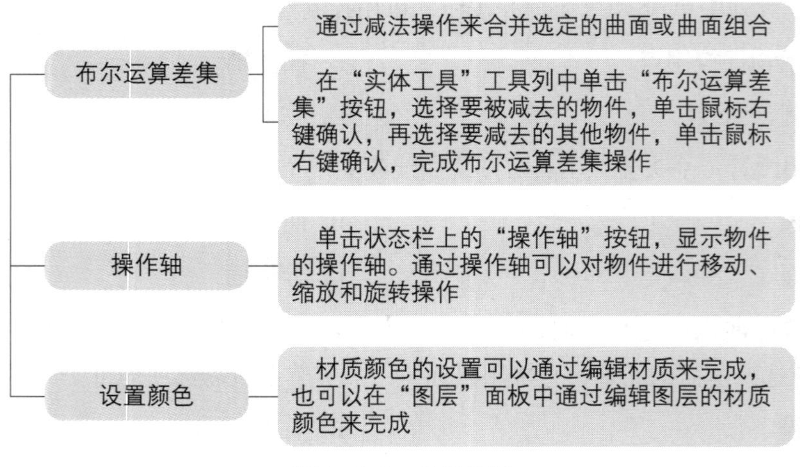

图 4-4-2　思维导图

本任务是根据所提供的图片素材，使用控制点曲线工具、直线工具、分割工具、投影工具、可调式混接曲线工具、抽离结构线工具和复制边缘线工具等绘制轮廓，再通过圆管、挤出和单轨扫掠等方式建立曲面，同时使用平面洞加盖、边缘圆角和布尔运算差集等方式进行造型处理。在完成任务的过程中，应注意显示物件控点工具、曲面工具，以及实体工具的使用方法与技巧等。

三、实训计划制订

根据实训分析，完成实训计划的制订，填入表 4–4–1 中。

表 4–4–1 实训计划

序号	工作内容	所需时间

四、操作步骤提示

本任务的操作步骤和操作要点见表 4–4–2。

表 4–4–2 操作步骤提示

序号	操作步骤	操作要点
1	启动软件	双击“Rhino 7”快捷方式图标
2	导入图片素材	在“工作视窗配置”工具列中单击“图像”按钮，在各工作视窗中以平面形式导入图片素材

续表

<table>
<tr><th>序号</th><th colspan="2">操作步骤</th><th>操作要点</th></tr>
<tr><td rowspan="3">3</td><td rowspan="3">制作洗手机主体轮廓</td><td>绘制直线、绘制可调式混接曲线、组合、旋转</td><td>在“直线”工具列中单击“直线：从中点”按钮，绘制直线
在“曲线工具”工具列中单击“可调式混接曲线”按钮，绘制曲线，并将其与直线组合
在“建立曲面”工具列中单击“旋转成形”按钮</td></tr>
<tr><td>绘制直线、直线挤出</td><td>在工作界面左侧工具列中单击“多重直线”按钮，绘制直线
在“建立曲面”工具列中单击“直线挤出”按钮，挤出曲面</td></tr>
<tr><td>布尔运算差集</td><td>在“实体工具”工具列中单击“布尔运算差集”按钮，删除多余部分</td></tr>
<tr><td rowspan="2">4</td><td rowspan="2">制作洗手机出液部分</td><td>绘制多重直线、旋转、布尔运算差集</td><td>在工作界面左侧工具列中单击“多重直线”按钮，绘制直线
在“建立曲面”工具列中单击“旋转成形”按钮
在“实体工具”工具列中单击“布尔运算差集”按钮</td></tr>
<tr><td>绘制控制点曲线、直线挤出、布尔运算差集</td><td>在工作界面左侧工具列中单击“控制点曲线”按钮，绘制控制点曲线
在“建立曲面”工具列中单击“直线挤出”按钮，挤出曲面
在“实体工具”工具列中单击“布尔运算差集”按钮</td></tr>
<tr><td rowspan="2">5</td><td rowspan="2">制作洗手机出液口</td><td>绘制直线、旋转、布尔运算差集</td><td>在“直线”工具列中单击“直线：从中点”按钮，绘制直线
在“建立曲面”工具列中单击“旋转成形”按钮
在“实体工具”工具列中单击“布尔运算差集”按钮，删除多余部分</td></tr>
<tr><td>平面洞加盖</td><td>在“实体工具”工具列中单击“将平面洞加盖”按钮，为平面洞加盖</td></tr>
<tr><td rowspan="2">6</td><td rowspan="2">制作洗手机感应部分</td><td>绘制圆角矩形、直线挤出、平面洞加盖、布尔运算差集</td><td>在“矩形”工具列中单击“圆角矩形”按钮，绘制圆角矩形
在“建立曲面”工具列中单击“直线挤出”按钮，挤出曲面
在“实体工具”工具列中单击“将平面洞加盖”按钮，为平面洞加盖
在“实体工具”工具列中单击“布尔运算差集”按钮</td></tr>
<tr><td>混接曲面、组合</td><td>在“曲面工具”工具列中单击“混接曲面”按钮，形成混接曲面，然后组合</td></tr>
</table>

续表

序号	操作步骤	操作要点
7	边缘圆角	在“实体工具”工具列中单击“边缘圆角”按钮，进行边缘圆角处理
8	保存文件	单击保存按钮或执行“文件”→“保存文件”命令
9	退出软件	单击 Rhino 7 软件工作界面右上角的关闭按钮

五、操作要点记录

在表 4-4-3 中记录本实训任务的操作要点。

表 4-4-3　操作要点记录

序号	操作要点	备注

六、实训评价

在完成任务后展示作品，并分享任务过程中的心得和体会，然后从工具使用、软件操作、作品效果和作品展示等方面进行实训评价，可采用学生自评、学生互评与教师评价相结合的多元评价方式，见表 4-4-4。

表 4-4-4　实训评价

序号	评价要求	学生自评（占比 30%）	学生互评（占比 30%）	教师评价（占比 40%）
1	对实训任务的分析准确、到位（10 分）			
2	能按要求导入图像（10 分）			
3	能正确使用可调式混接曲线工具构建曲线（20 分）			
4	能正确使用旋转工具构建曲面（20 分）			

续表

序号	评价要求	学生自评（占比 30%）	学生互评（占比 30%）	教师评价（占比 40%）
5	能正确使用布尔运算差集工具调整曲面（20 分）			
6	能正确使用边缘圆角工具倒圆角（10 分）			
7	展示及作品解说效果良好（10 分）			
综合得分				

七、实训拓展

参考图 4-4-3a 和图 4-4-3b 所示的图片素材，使用 Rhino 7 软件完成图 4-4-3c 所示的智能温度感应器的造型效果。

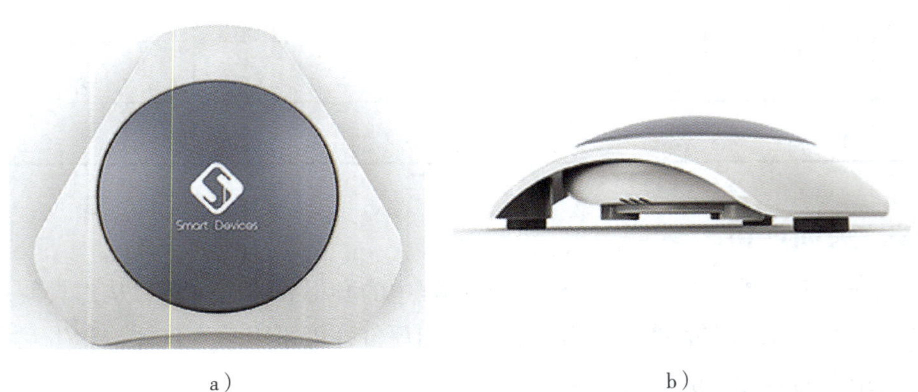

a）　　b）

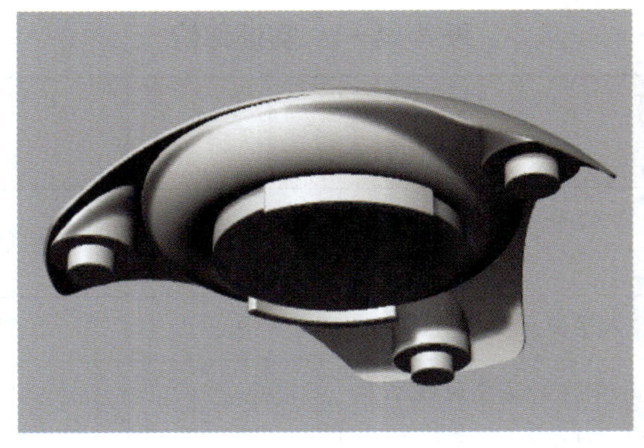

c）

图 4-4-3　智能温度感应器

a）、b）图片素材　c）造型效果

八、知识巩固与提高

1. 在使用布尔运算差集时，先选中一个实体，单击鼠标（　　）确定，再选中另外的实体，同样，单击鼠标（　　）确定。

A. 右键　右键　　B. 左键　右键

C. 中键　右键　　D. 左键　中键

2. 按旋转成形工具指令提示行中的提示可选取图素的（　　），并将其旋转 360°。

A. 中心线和曲面　　B. 曲面和轮廓线

C. 中心线和轮廓线　　D. 曲线和轮廓线

3. 布尔运算（　　）工具可以将两个物体交集部分保留，同时去除其他部分。

A. 联集　　B. 差集　　C. 交集　　D. 分割

4. 通过操作轴可以对物件进行（　　）操作。

A. 删除　缩放　旋转　　B. 移动　缩放　删除

C. 移动　旋转　删除　　D. 移动　缩放　旋转

5. 在“在图层材质面板选取颜色”面板中选择颜色后，将显示模式改为（　　）模式，即可显示颜色效果。

A. 颜色　　B. 渲染　　C. 轮廓　　D. 曲面

项目五
产品造型

任务 1　养生壶造型

一、实训情境

某电器公司的设计师接受了一项设计任务：为本公司设计一款养生壶。该任务要求设计师在 30 min 内使用 Rhino 7 软件进行产品造型设计，根据图 5–1–1 所示的图片素材，设计并完成图 5–1–2 所示的造型效果。

a）

b）

图 5-1-1　养生壶的图片素材
a）图片素材 1　b）图片素材 2

二、实训分析

按照图 5–1–3 所示的思维导图复习教材中的知识点和技能点。

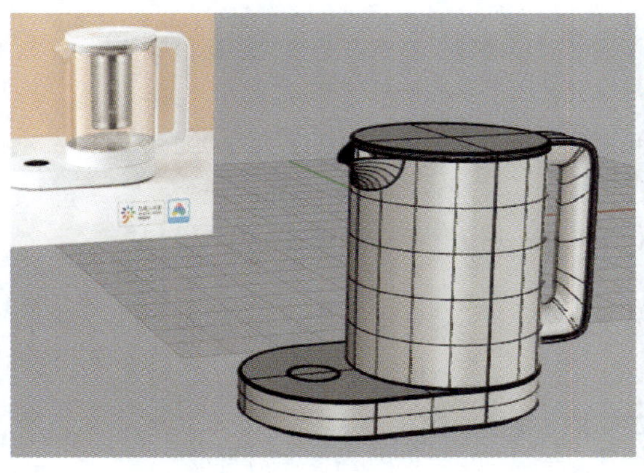

a）

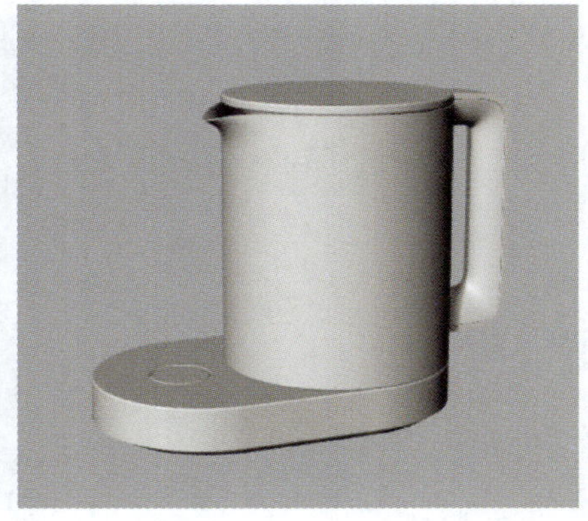

b）

图 5-1-2　养生壶的造型效果
a）造型效果 1　b）造型效果 2

- 从物件建立曲线
  - 投影：将曲线或点向工作平面的方向投影到曲面上
  - 拉回：将曲线沿曲面的法线方向拉回到曲面上，可以将环绕曲面的曲线拉至曲面上作为修剪曲线
  - 复制边缘：通过复制曲面的边缘来建立曲线
  - 复制边框：通过复制曲面、多重曲面或网格的边框来建立曲线，对于多重曲面，会复制所有的边框
  - 复制面的边框：通过复制多重曲面中个别曲面的边框来建立曲线
  - 抽离结构线：通过抽离曲面上指定位置的结构线来建立曲线
  - 抽离线框：复制曲面或多重曲面在线框显示模式中可见的所有结构线
  - 物件相交：在曲线或曲面有交集的位置建立相交的点或曲线
- 衔接曲线
  - 在“曲线工具”工具列中单击“衔接曲线”按钮，在工作视窗中选取要更改的开放曲线，再单击选取靠近要更改一端的端点处
  - 选取完成后弹出“衔接曲线”对话框，在调整衔接曲线参数时，可实时预览效果

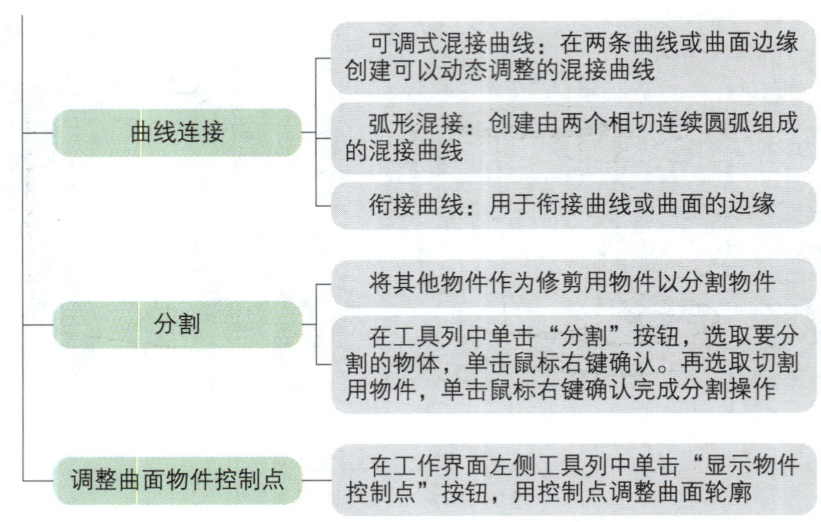

图 5-1-3 思维导图

本任务是根据所提供的图片素材，使用绘制曲线工具、控制点曲线工具、建立曲面工具和实体工具等进行产品造型绘制和处理。把图片插入到绘图区后，根据图片素材进行产品造型。在完成任务的过程中，应注意投影曲线工具、控制点工具，以及显示物体控制点的使用方法与技巧等。

三、实训计划制订

根据实训分析，完成实训计划的制订，填入表 5-1-1 中。

表 5-1-1 实训计划

序号	工作内容	所需时间

续表

序号	工作内容	所需时间

四、操作步骤提示

本任务的操作步骤和操作要点见表 5-1-2。

表 5-1-2　操作步骤提示

序号	操作步骤	操作要点
1	启动软件	双击“Rhino 7”快捷方式图标
2	导入图片素材	在“工作视窗配置”工具列中单击“图像”按钮，在各工作视窗中以平面形式导入图片素材，将图片设置为“1∶1”并移动到合适位置，锁定物件
3	制作养生壶底座轮廓	确定养生壶底座轮廓点，选择圆角矩形工具进行绘制，调整轮廓点位置后绘制底座轮廓线
4	制作养生壶底座实体	选取养生壶底座轮廓线，使用直线挤出工具生成底座实体，选择全部实体后使用炸开工具，并删除底座底面，使用复制边缘工具和组合工具生成底面轮廓线，选择放样、组合和平面洞加盖等工具，绘制底座实体
5	制作养生壶液晶显示屏	在养生壶底座表面，使用抽离结构线工具绘制液晶显示屏轮廓线，并生成圆柱，使用布尔运算差集工具后，利用边缘圆角工具生成液晶显示屏
6	制作养生壶壶身	使用拾取底座半圆轮廓线、镜像和组合等工具绘制圆，并利用挤出曲面和重建曲面工具生成养生壶壶身部分
7	制作养生壶壶嘴	使用控制点曲线、分割、抽离结构线、放样和组合等工具绘制养生壶壶嘴部分
8	制作养生壶壶盖	使用直线挤出和平面洞加盖等工具绘制养生壶壶盖部分
9	制作养生壶把手	绘制轮廓线，使用镜像、放样和曲线圆角等工具绘制养生壶把手部分
10	保存文件	单击保存按钮或执行“文件”→“保存文件”命令
11	退出软件	单击 Rhino 7 软件工作界面右上角的关闭按钮

五、操作要点记录

在表 5-1-3 中记录本实训任务的操作要点。

表 5-1-3　操作要点记录

序号	操作要点	备注

六、实训评价

在完成任务后展示作品，并分享任务过程中的心得和体会，然后从工具使用、软件操作、作品效果和作品展示等方面进行实训评价，可采用学生自评、学生互评与教师评价相结合的多元评价方式，见表 5-1-4。

表 5-1-4　实训评价

序号	评价要求	学生自评（占比 30%）	学生互评（占比 30%）	教师评价（占比 40%）
1	对实训任务的分析准确、到位（10 分）			
2	能按要求导入图像（10 分）			
3	能正确使用直线挤出工具构建曲面（20 分）			
4	能正确使用抽离结构线工具提取曲线（10 分）			
5	能正确使用分割工具（20 分）			
6	能正确使用放样工具构建曲面（20 分）			
7	展示及作品解说效果良好（10 分）			
综合得分				

七、实训拓展

参考图 5-1-4 所示的图片素材，使用 Rhino 7 软件完成图 5-1-5 所示的香薰机的造型效果。

图 5-1-4　香薰机的图片素材

a）

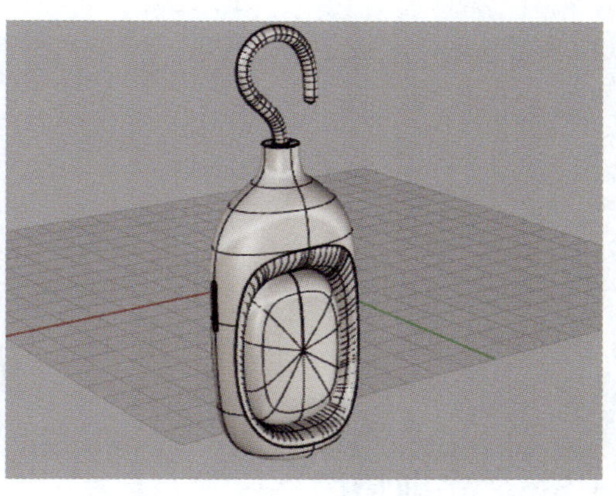

b）

图 5-1-5　香薰机的造型效果
a）造型效果 1　b）造型效果 2

八、知识巩固与提高

1.（　　）工具可以创建由两个相切连续圆弧组成的混接曲线。

A. 重建曲线　　　　B. 可调式混接曲线

C. 弧形混接　　　　D. 衔接曲线

2. 使用衔接曲线工具的步骤是（　　）。

A. 首先选择两条需要衔接的曲线，然后设置衔接方式，最后点击“确定”按钮

B. 首先选择一条曲线，然后设置衔接方式，最后点击“确定”按钮

C. 首先选择两条需要衔接的曲线，然后直接点击“确定”按钮

D. 首先选择两条需要衔接的曲线，然后调整曲线的控制点，最后点击“确定”按钮

3. 使用分割工具的步骤是（　　）。

A. 首先选择要分割的物体，然后选择分割线或分割点，最后点击“确定”按钮

B. 首先选择要分割的物体，然后设置分割数量，最后点击“确定”按钮

C. 首先选择要分割的物体，然后直接点击“确定”按钮

D. 首先选择要分割的物体，然后调整曲线的控制点，最后点击“确定”按钮

4. 使用（　　）工具，可以复制曲面或多重曲面在线框显示模式中可见的所有结构线。

A. 复制边缘　　B. 复制边框　　C. 抽离线框　　D. 抽离结构线

5.（　　）工具可以显示或关闭曲线或曲面的控制点，在显示控制点后可对控制点进行编辑。

A. 移动　　B. 缩放　　C. 打开点　　D. 旋转

任务 2　路由器造型

一、实训情境

某科技公司的设计师接受了一项设计任务：为本公司设计一款路由器。该任务要求设计师在 30 min 内使用 Rhino 7 软件进行产品造型设计，根据图 5-2-1 所示的图片素材，设计并完成图 5-2-2 所示的造型效果。

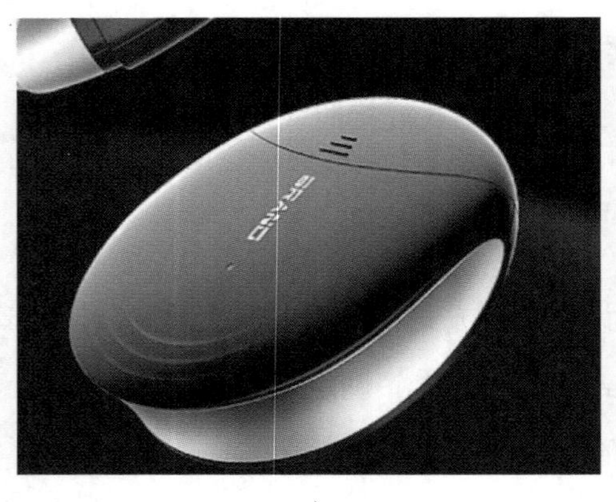

a）

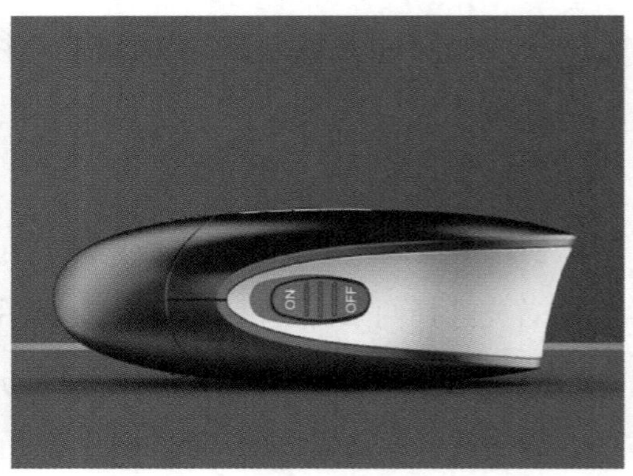

b）

图 5-2-1　路由器的图片素材

a）图片素材 1　b）图片素材 2

a）

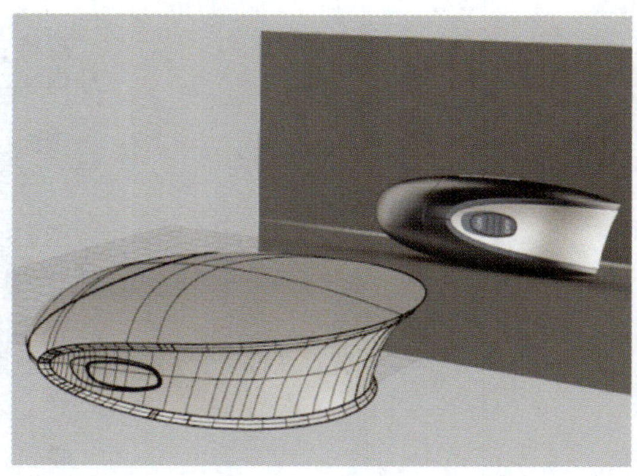

b）

图 5-2-2　路由器的造型效果
a）造型效果 1　b）造型效果 2

二、实训分析

按照图 5-2-3 所示的思维导图复习教材中的知识点和技能点。

- 从物件建立曲线
  - 投影：将曲线或点向工作平面的方向投影到曲面上
  - 拉回：将曲线沿曲面的法线方向拉回到曲面上，可以将环绕曲面的曲线拉至曲面上作为修剪曲线
  - 复制边缘：通过复制曲面的边缘来建立曲线
  - 复制边框：通过复制曲面、多重曲面或网格的边框来建立曲线，对于多重曲面，会复制所有的边框
  - 复制面的边框：通过复制多重曲面中个别曲面的边框来建立曲线
  - 抽离结构线：通过抽离曲面上指定位置的结构线来建立曲线
  - 抽离线框：复制曲面或多重曲面在线框显示模式中可见的所有结构线
  - 物件相交：在曲线或曲面有交集的位置建立相交的点或曲线

- 建立曲面
  - 放样：在同一走向的一系列曲线上建立曲面
  - 嵌面：建立逼近被选取的线和点物件的曲面，主要用于修复破裂的曲面
  - 图像：在各工作视窗中以平面形式导入参考图像
  - 直线挤出：将开放或封闭的曲线沿与工作平面垂直的方向笔直地挤出，以建立曲面或实体
  - 单轨扫掠：将数条定义曲面形状的曲线沿着一条路径扫掠来建立曲面
  - 双轨扫掠：将数条定义曲面形状的曲线沿着两条路径扫掠来建立曲面
  - 旋转成形：将一条曲线绕着轴线旋转来建立曲面
- 布尔运算差集
  - 通过减法操作来合并选定的曲面或曲面组合
  - 在“实体工具”工具列中单击“布尔运算差集”按钮，选择要被减去的物件，单击鼠标右键确认，再选择要减去的其他物件，单击鼠标右键确认，完成布尔运算差集操作
- 衔接曲线
  - 在“曲线工具”工具列中单击“衔接曲线”按钮，在工作视窗中选取要更改的开放曲线，再单击选取靠近要更改一端的端点处
  - 选取完成后弹出“衔接曲线”对话框，在调整衔接曲线参数时，可实时预览效果
- 曲线连接
  - 可调式混接曲线：在两条曲线或曲面边缘创建可以动态调整的混接曲线
  - 弧形混接：创建由两个相切连续圆弧组成的混接曲线
  - 衔接曲线：用于衔接曲线或曲面的边缘
- 分割
  - 将其他物件作为修剪用物件以分割物件
  - 在工具列中单击“分割”按钮，选取要分割的物体，单击鼠标右键确认。再选取切割用物件，单击鼠标右键确认完成分割操作
- 调整曲面物件控制点
  - 在工作界面左侧工具列中单击“显示物件控制点”按钮，用控制点调整曲面轮廓

图 5-2-3　思维导图

本任务是根据所提供的图片素材，使用主要工具、变动工具、选取工具、可见性工具、绘制曲线工具、控制点曲线工具、建立曲面工具和建立实体工具等进行产品造型绘制和处理。把图片插入到绘图区后，根据本任务的图形素材进行产品造型。在完成任务的过程中，应注意投影曲线工具、控制点工具，以及显示物体控制点的使用方法与技巧等。

三、实训计划制订

根据实训分析，完成实训计划的制订，填入表 5-2-1 中。

表 5-2-1　实训计划

序号	工作内容	所需时间

四、操作步骤提示

本任务的操作步骤和操作要点见表 5-2-2。

表 5-2-2　操作步骤提示

序号	操作步骤	操作要点
1	启动软件	双击“Rhino 7”快捷方式图标
2	导入图片素材	在“工作视窗配置”工具列中单击“图像”按钮，在各工作视窗中以平面形式导入图片素材，将图片设置为“1 : 1”并移动到合适位置，锁定物件

续表

序号	操作步骤	操作要点
3	制作路由器前盖轮廓线	使用控制点曲线、圆和分割等工具绘制出两段路由器前盖轮廓线，并通过选取显示控制点的物件调整前盖轮廓线控制点，绘制前盖轮廓线
4	制作路由器前盖曲面	选取路由器前盖轮廓线，利用分割、放样、更改曲面阶数、控制点曲线、直线挤出和隐藏物件等工具，绘制前盖曲面
5	制作路由器后盖轮廓线	选取路由器前盖轮廓线，使用复制边缘工具复制前盖轮廓线，适当调整其大小和位置，然后利用控制点曲线、偏移曲线和多重直线等工具绘制后盖轮廓线
6	制作路由器后盖曲面	使用内插点曲线和复制边缘等工具绘制圆，并使用双轨扫掠工具和渲染模式生成路由器后盖曲面
7	制作路由器按钮轮廓线	使用控制点曲线工具，通过调整控制点、复制轮廓线和缩小轮廓线等功能绘制路由器按钮轮廓线
8	制作路由器按钮曲面	使用拉伸曲面和布尔运算等操作绘制路由器按钮曲面
9	保存文件	单击保存按钮或执行“文件”→“保存文件”命令
10	退出软件	单击 Rhino 7 软件工作界面右上角的关闭按钮

五、操作要点记录

在表 5-2-3 中记录本实训任务的操作要点。

表 5-2-3　操作要点记录

序号	操作要点	备注

六、实训评价

在完成任务后展示作品，并分享任务过程中的心得和体会，然后从工具使用、软件操作、作品效果和作品展示等方面进行实训评价，可采用学生自评、学生互评与教师评价相结合的多元评价方式，见表 5-2-4。

表 5-2-4　实训评价

序号	评价要求	学生自评（占比 30%）	学生互评（占比 30%）	教师评价（占比 40%）
1	对实训任务的分析准确、到位（10 分）			
2	能正确使用合适的曲线工具构建前盖轮廓曲线（20 分）			
3	能使用正确的工具构建前盖曲面（20 分）			
4	能正确使用合适的曲线工具构建后盖轮廓曲线（20 分）			
5	能使用正确的命令构建后前盖曲面（20 分）			
6	展示及作品解说效果良好（10 分）			
综合得分				

七、实训拓展

参考图 5-2-4 所示的图片素材，使用 Rhino 7 软件完成图 5-2-5 所示的筋膜枪的造型效果。

图 5-2-4　筋膜枪的图片素材

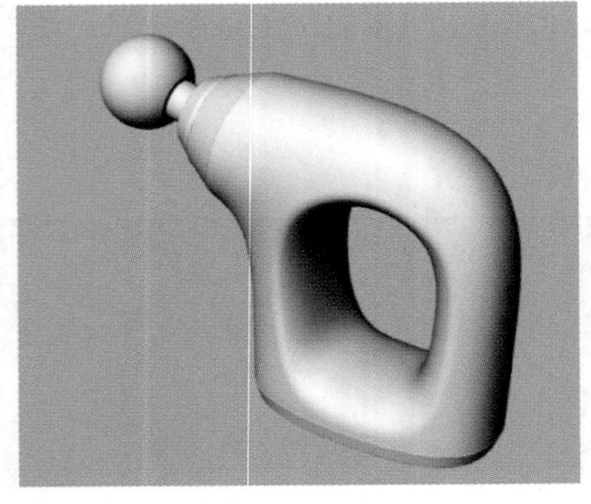

a）

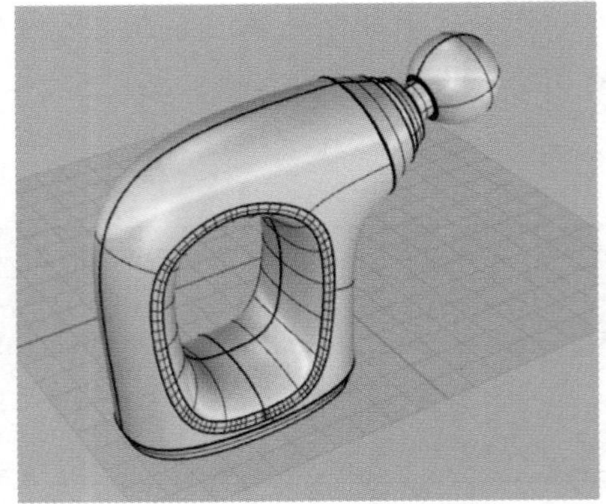

b）

图 5-2-5　筋膜枪的造型效果
a）造型效果 1　b）造型效果 2

八、知识巩固与提高

1.（　　）工具可以通过指定阶数和控制点数来重建选取的曲线。

A. 重建曲线　　B. 对称切线

C. 插入控制点　　D. 法线插入控制点

2. 使用（　　）工具可以通过设置圆心、半径绘制圆形。

A. 圆：中心点、半径　　B. 圆：直径

C. 圆：三点　　D. 圆：正切、正切、半径

3.（　　）工具可在两条曲线或曲面边缘创建可以动态调整的混接曲线。

A. 重建曲线　　B. 可调式混接曲线

C. 弧形混接曲线　　D. 衔接曲面曲线

4.（　　）工具可将数条定义曲面形状的曲线沿着两条路径扫掠来建立曲面。

A. 放样　　B. 单轨扫掠

C. 双轨扫掠　　D. 嵌面

5.（　　）工具可以通过抽离曲面上指定位置的结构线来建立曲线。

A. 抽离结构线　　B. 抽离线框

C. 复制边缘　　D. 复制线框

项目六
KeyShot 渲染

任务 1　台灯造型渲染

一、实训情境

某照明电器公司的设计师接受了一项设计任务：为本公司设计和生产的台灯造型进行渲染。该任务要求设计师在 30 min 内使用 Rhino 7 软件进行渲染，根据图 6–1–1 所示的造型素材，得到图 6–1–2 所示的最终效果。

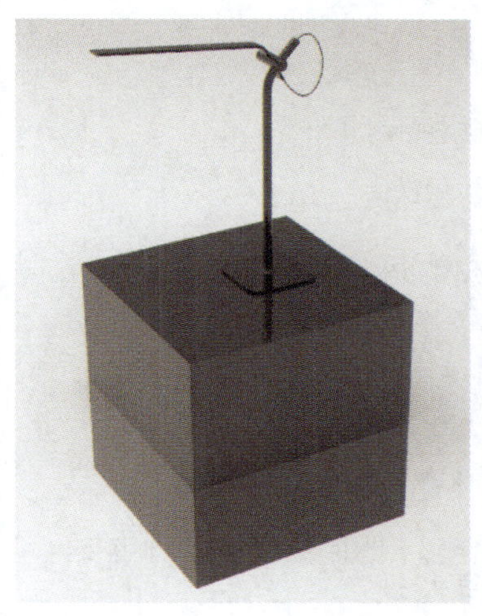

图 6–1–1　台灯造型素材

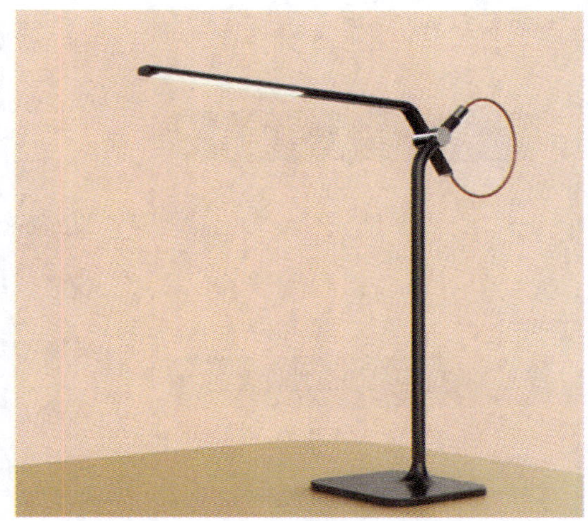

图 6–1–2　台灯渲染最终效果

二、实训分析

按照图 6–1–3 所示的思维导图复习教材中的知识点和技能点。

- 模型导入
  - 拖动文件直接导入
  - 按住Alt键，调出“KeyShot导入”对话框
  - “位置”选择Z向上，其他默认
  - 在“导入文件”对话框中选择文件
  - “位置”选择Z向上，其他默认
- 支持文件格式
  - 支持多种的本地CAD格式
- 工作流程
  - Rhino模型格式转换
  - 导入三维模型
  - 指定材质
  - 选择环境
  - 调整相机角度
  - 保存快照或渲染场景
- 场景工具的类型
  - 属性：源文件名称
  - 位置：模型摆放位置，旋转角度和缩放比例
  - 材质：当前模型的材质
- 环境工具的类型
  - Interior（室内环境）
  - Outdoor （室外环境）
  - Studio（摄影棚环境）
  - Sun&Sky (太阳和天空）
- 环境工具的属性设置
  - 调节：亮度、对比度
  - 转换：大小、高度、旋转
  - 背景：照明环境、颜色、背景图像
  - 地面：地面阴影、地面遮挡阴影、 地面反射、整平地面、地面大小
- 相机工具的类型
  - Free Camera（自由相机）
  - Perspective（透视图相机）
  - Top（顶视图相机）
  - Front（前视图相机）
  - Right（右视图相机）

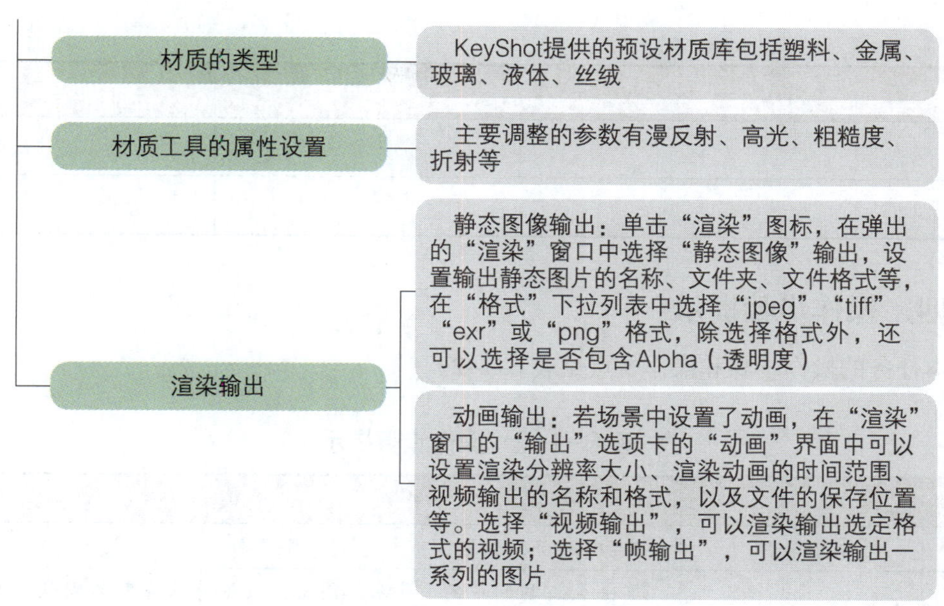

图 6-1-3 思维导图

本任务是根据所提供的造型素材，使用场景设置工具、相机设置工具、材质设置工具和环境设置工具等进行产品渲染。在渲染模块中导入图形文件后，根据本任务的图形素材进行产品渲染。在完成任务的过程中，应注意场景工具、相机材质工具和环境工具等的使用方法与技巧等。

三、实训计划制订

根据实训分析，完成实训计划的制订，填入表 6-1-1 中。

表 6-1-1 实训计划

序号	工作内容	所需时间

续表

序号	工作内容	所需时间

四、操作步骤提示

本任务的操作步骤和操作要点见表 6–1–2。

表 6–1–2　操作步骤提示

序号	操作步骤	操作要点
1	启动软件	启动 KeyShot 软件
2	导入素材	单击主工具列中的“导入”图标，设置导入参数为默认，添加“台灯”源文件
3	产品渲染场景设置	利用“位置设置”和“移动工具设置”等场景设置功能，根据实际情况设置合理的场景参数，完成对台灯产品的渲染场景设置
4	产品渲染相机设置	利用“新增相机位置”和“重置设置”等相机设置功能，根据实际情况设置合理的相机参数，完成对台灯产品的渲染相机设置
5	产品渲染材质设置	利用“全部全选材质”和“解除链接材质”等材质设置功能，根据实际情况设置合理的材质参数，完成对台灯产品的渲染材质设置
6	产品渲染环境设置	利用“背景设置”和“颜色设置”等场景设置功能，根据实际情况设置合理的场景参数，完成对台灯产品的渲染场景设置
7	渲染台灯各部件	利用“材质渲染”功能，分别选取台灯主体部分、底座和背景座进行合理的设置

五、操作要点记录

在表 6–1–3 中记录本实训任务的操作要点。

表 6–1–3　操作要点记录

序号	操作要点	备注

六、实训评价

在完成任务后展示作品，并分享任务过程中的心得和体会，然后从工具使用、软件操作、作品效果和作品展示等方面进行实训评价，可采用学生自评、学生互评与教师评价相结合的多元评价方式，见表 6-1-4。

表 6-1-4 实训评价

序号	评价要求	学生自评（占比 30%）	学生互评（占比 30%）	教师评价（占比 40%）
1	对实训任务的分析准确、到位（10 分）			
2	能正确导入模型文件（10 分）			
3	能按照要求正确设定渲染队列（20 分）			
4	能按照要求赋予模型合适的材质（20 分）			
5	能根据渲染需要设置合适的环境（20 分）			
6	最终作品的保存操作正确且效果合理（10 分）			
7	展示及作品解说效果良好（10 分）			
综合得分				

七、实训拓展

参考图 6-1-4 所示的造型素材，使用 Rhino 7 软件完成养生壶产品渲染任务。

图 6-1-4 养生壶造型素材

八、知识巩固与提高

1. KeyShot 的主工具列包含（　　）、导入、库、项目、动画、KeyShotXR、渲染和截屏等图标。

A. 云库　　B. 图库

C. 图片　　D. 图层

2. 在 KeyShot 渲染任务中设置实时分辨率的大小，需要在“（　　）”选项卡里面进行。

A. 图像　　B. 场景

C. 环境　　D. 相机

3. 在 KeyShot 渲染任务中，镜头设置主要包括（　　）、正交、位移、全景、视角 / 焦距、视野和地面网格等项。

A. 视图　　B. 视角

C. 视屏　　D. 广角

4. 在 KeyShot 渲染任务中，“环境”选项卡主要包含设置调节、转换、（　　）、地面等项。

A. 图片　　B. 环境

C. 绘图　　D. 背景

5. 在 KeyShot 中，库包括（　　）、材质库、颜色库、环境库、收藏夹库和背景库。

A. 纹理库　　B. 图片库

C. 视频库　　D. 渲染库

任务 2　筋膜枪造型渲染

一、实训情境

某自动化科技公司的设计师接受了一项设计任务：为本公司设计和生产的筋膜枪进行产品渲染宣传。该任务要求设计师在 30 min 内使用 Rhino 7 软件进行渲染，根据图 6-2-1 所示的造型素材，得到图 6-2-2 所示的最终效果。

图 6-2-1 筋膜枪造型素材

图 6-2-2 筋膜枪渲染最终效果

二、实训分析

按照图 6-2-3 所示的思维导图复习教材中的知识点和技能点。

- 模型导入
  - 拖动文件直接导入
  - 按住Alt键，调出“KeyShot导入”对话框
  - “位置”选择Z向上，其他默认
  - 在“导入文件”对话框中选择文件
  - “位置”选择Z向上，其他默认
- 支持文件格式
  - 支持多种的本地CAD格式
- 工作流程
  - Rhino模型格式转换
  - 导入三维模型
  - 指定材质
  - 选择环境
  - 调整相机角度
  - 保存快照或渲染场景
- 场景工具的类型
  - 属性：源文件名称
  - 位置：模型摆放位置，旋转角度和缩放比例
  - 材质：当前模型的材质
- 环境工具的类型
  - Interior（室内环境）
  - Outdoor（室外环境）
  - Studio（摄影棚环境）
  - Sun&Sky (太阳和天空)

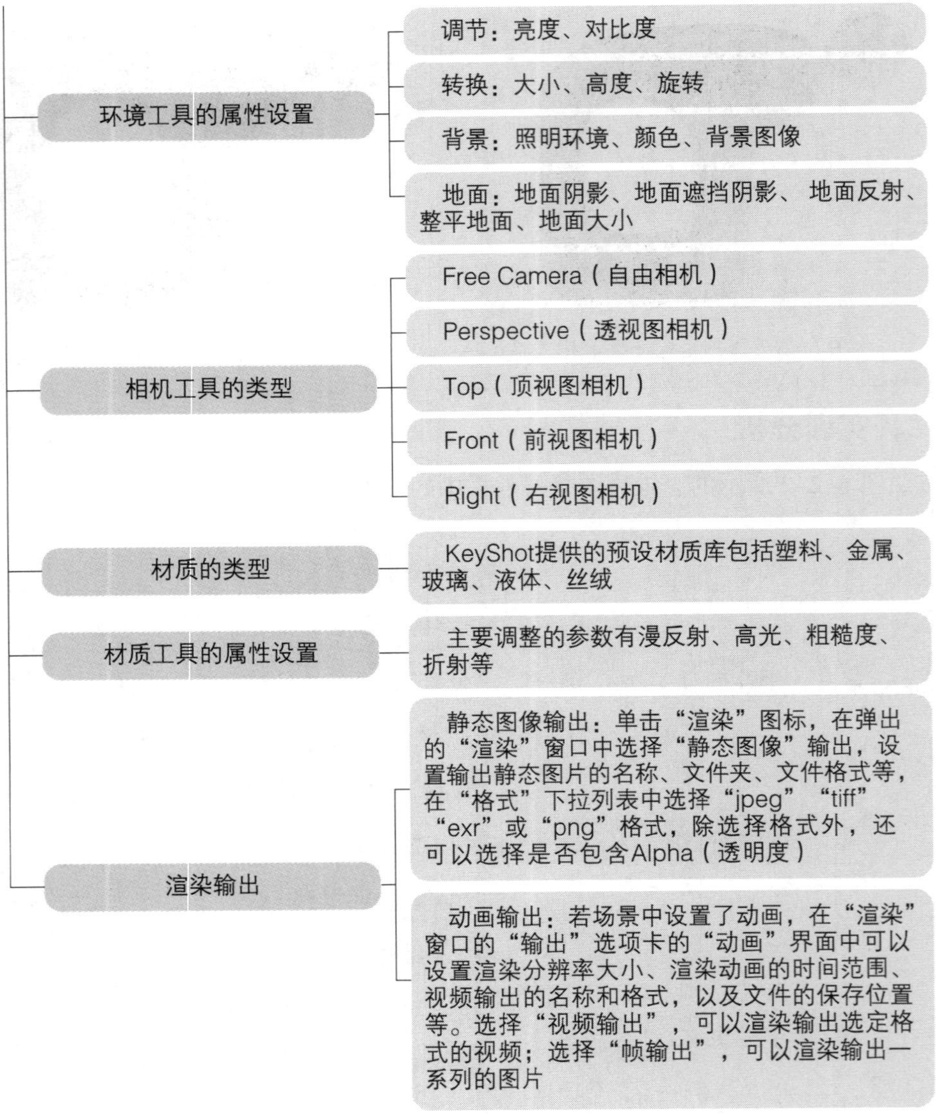

- 环境工具的属性设置
  - 调节：亮度、对比度
  - 转换：大小、高度、旋转
  - 背景：照明环境、颜色、背景图像
  - 地面：地面阴影、地面遮挡阴影、地面反射、整平地面、地面大小
- 相机工具的类型
  - Free Camera（自由相机）
  - Perspective（透视图相机）
  - Top（顶视图相机）
  - Front（前视图相机）
  - Right（右视图相机）
- 材质的类型
  - KeyShot提供的预设材质库包括塑料、金属、玻璃、液体、丝绒
- 材质工具的属性设置
  - 主要调整的参数有漫反射、高光、粗糙度、折射等
- 渲染输出
  - 静态图像输出：单击“渲染”图标，在弹出的“渲染”窗口中选择“静态图像”输出，设置输出静态图片的名称、文件夹、文件格式等，在“格式”下拉列表中选择“jpeg”“tiff”“exr”或“png”格式，除选择格式外，还可以选择是否包含Alpha（透明度）
  - 动画输出：若场景中设置了动画，在“渲染”窗口的“输出”选项卡的“动画”界面中可以设置渲染分辨率大小、渲染动画的时间范围、视频输出的名称和格式，以及文件的保存位置等。选择“视频输出”，可以渲染输出选定格式的视频；选择“帧输出”，可以渲染输出一系列的图片

图 6-2-3　思维导图

本任务是根据所提供的造型素材，使用场景设置工具、材质设置工具和环境设置工具等进行产品渲染。在渲染模块中导入图形文件后，根据本任务的图形素材进行产品渲染。在完成任务的过程中，应注意场景工具、相机材质工具和环境工具等的使用方法与技巧等。

三、实训计划制订

根据实训分析，完成实训计划的制订，填入表 6-2-1 中。

表 6-2-1　实训计划

序号	工作内容	所需时间

四、操作步骤提示

本任务的操作步骤和操作要点见表 6-2-2。

表 6-2-2　操作步骤提示

序号	操作步骤	操作要点
1	启动软件	启动 KeyShot 软件
2	导入素材	单击主工具列中的“导入”图标，设置导入参数为默认，添加“筋膜枪”源文件
3	产品渲染场景设置	利用“位置设置”和“移动工具设置”等场景设置功能，根据实际情况设置合理的场景参数，完成对筋膜枪产品的渲染场景设置
4	产品渲染相机设置	利用“新增相机位置”和“重置设置”等相机设置功能，根据实际情况设置合理的相机参数，完成对筋膜枪产品的渲染相机设置
5	产品渲染材质设置	利用“全部全选材质”和“解除链接材质”等材质设置功能，根据实际情况设置合理的材质参数，完成对筋膜枪产品的渲染材质设置
6	产品渲染环境设置	利用“背景设置”和“颜色设置”等场景设置功能，根据实际情况设置合理的场景参数，完成对筋膜枪产品的渲染场景设置
7	渲染筋膜枪各部件	利用“材质渲染”功能，分别选取筋膜枪主体部分和背景座进行合理的设置

五、操作要点记录

在表 6-2-3 中记录本实训任务的操作要点。

表 6-2-3　操作要点记录

序号	操作要点	备注

六、实训评价

在完成任务后展示作品，并分享任务过程中的心得和体会，然后从工具使用、软件操作、作品效果和作品展示等方面进行实训评价，可采用学生自评、学生互评与教师评价相结合的多元评价方式，见表 6-2-4。

表 6-2-4　实训评价

序号	评价要求	学生自评（占比 30%）	学生互评（占比 30%）	教师评价（占比 40%）
1	对实训任务的分析准确、到位（10 分）			
2	能正确导入模型文件（10 分）			
3	能按照要求正确设定渲染队列（20 分）			
4	能按照要求赋予模型合适的材质（20 分）			
5	能根据渲染需要设置合适的环境（20 分）			
6	最终作品的保存操作正确且效果合理（10 分）			
7	展示及作品解说效果良好（10 分）			
综合得分				

七、实训拓展

参考图 6–2–4 所示的造型素材，使用 Rhino 7 软件完成搅拌器产品渲染任务。

图 6–2–4　搅拌器造型素材

八、知识巩固与提高

1. 以下关于实时窗口的说法中，正确的是（　　）。

A. 实时窗口中的模型是低像素的快速呈现形式，所以画面上不会出现噪点

B. 实时窗口中的模型是高像素的快速呈现形式，所以画面上会有不少噪点

C. 编辑材质后，在实时窗口中会自动更新材质

D. 编辑材质后，需通过刷新操作，才可在实时窗口中更新材质

2. KeyShot 渲染任务中的“地面”项可以调整地面阴影、地面遮挡阴影、地面反射、整平地面和（　　）。

A. 地面大小　　　　B. 环境投影

C. 地面倒影　　　　D. 照明阴影

3. KeyShot 的“照明”选项卡主要包含照明预设值、（　　）、通用照明和渲染技术四项。

A. 照明设置　　　　B. 环境设置

C. 环境照明　　　　D. 环境阴影

4. KeyShot 的“选项”选项卡用于在渲染时设置最大采样、（　　）和自定义控制项，以得到不同的质量和效果。

A. 最长时间　　　　B. 最短时间

C. 最小采样

D. 像素过滤器

5. 在 KeyShot 渲染任务中照明预设值包括（　　）。

A. 珠宝

B. 室内

C. 产品

D. 以上都是